阅读成就思想……

Read to Achieve

人を動かすアイデアのつくり方

玄机设计学

改变人们行为的创意构思法

仕掛学

[日] 松村真宏（Naohiro Matsumura）著
袁光 译

中国人民大学出版社
· 北京 ·

图书在版编目（CIP）数据

玄机设计学：改变人们行为的创意构思法 /（日）松村真宏著；袁光译 . — 北京：中国人民大学出版社，2019.6

ISBN 978-7-300-26956-6

Ⅰ.①玄… Ⅱ.①松…②袁… Ⅲ.①行为—心理干预—研究 Ⅳ.① B848.4

中国版本图书馆 CIP 数据核字 (2019) 第 086109 号

玄机设计学：改变人们行为的创意构思法

[日] 松村真宏（Naohiro Matsumura） 著
袁光 译
Xuanji Shejixue: Gaibian Renmen Xingwei de Chuangyi Gousifa

出版发行	中国人民大学出版社		
社　　址	北京中关村大街 31 号	邮政编码	100080
电　　话	010-62511242（总编室）		010-62511770（质管部）
	010-82501766（邮购部）		010-62514148（门市部）
	010-62515195（发行公司）		010-62515275（盗版举报）
网　　址	http://www.crup.com.cn		
经　　销	新华书店		
印　　刷	天津中印联印务有限公司		
规　　格	145mm×210mm　32 开本	版　次	2019 年 6 月第 1 版
印　　张	5　插页 1	印　次	2023 年 1 月第 2 次印刷
字　　数	73 000	定　价	55.00 元

版权所有　　侵权必究　　印装差错　　负责调换

目录

引言　玄机设计：让人不由自主地想去做某事　/ 001

　　天王寺动物园的竹筒

　　用行动解决问题

　　不假思索的整理法

　　怎样才能改变人们的行为

　　勾起人们"命中欲"的小便池靶心

　　玄机设计的优劣

　　定义玄机设计的三个条件

　　玄机设计的用武之地

01　生活处处有玄机：玄机设计的妙用　/ 033

　　增加人们的行动选项

　　巧妙的行为引导

玄机设计出奇制胜的效果

玄机设计的两大特征

所有的刺激都会逐渐变弱

行动中心法

玄机设计也会"脱靶"

玄机设计是上帝留给我们的一扇窗

02 玄机设计的构成要素 /063

玄机设计的原理

玄机设计的构成要素

玄机设计的两大构成要素：物理诱因和心理诱因

玄机设计的源泉：诱因的组合

03 绝妙的玄机设计是如何构思出来的 / 111

寻找玄机设计的方法

设计要素的列举与组合

借鉴玄机设计的相关案例

利用行动的类似性

利用玄机设计原理

奥斯本检核表法

俄罗斯宇航员用铅笔写字

其他玄机设计案例

结　语 / 143
译者后记 / 147

引言

玄机设计：让人不由自主地想去做某事

天王寺动物园的竹筒

我是一名人工智能研究员，我的主要工作是用计算机统计数据，并从中找出能够影响人们决策意识的要素。2005年的某一天，我忽然意识到"世上还有很多东西尚不能以数据的形式加以利用"。比如说，我们置身庭院时能听到鸟儿的啼叫与风摇树叶的沙沙声，但这些声音并不是数据。对只能处理数据的计算机而言，它就不能理解这些声音意味着什么。

要想避免上述尴尬，就要摆脱对数据和计算机的依赖。其实，我们即使不查阅数据，也能看到路旁悄悄绽放的花朵，听到鸟儿婉转的啼叫。也许我们需要的并不是计算机和数据，而是能让我们注意到生活中的亮点的"玄机设计"。

玄机设计能让我们从习以为常的事物中发现精彩与亮点，能让我们了解计算机无法掌控的世界，把日常生活变成有趣的研究对象。

在收集相关案例的过程中，我发现玄机设计是能够辅助我们解决生活中的问题的。而由这种设计产生的学问便是玄机学。

图 0-1 中的竹筒是我在大阪市天王寺动物园的"亚洲热带雨林"区发现的。竹筒旁边并没有任何关于它的介绍或说明，所以人们很难知道它是用来做什么的。但既然被摆在那里了，想必一定有其摆放的道理。

这只竹筒让我萌生了"管窥"的想法。它悬挂在距离地面一米高的位置，这样的高度正好适合小朋友上前一探究竟。于是，被勾起好奇心的人们都会驻足观望。我也观察了路过这只竹筒的游人们的行为。我发现孩子们通过竹筒看到不远处的大象粪便（模型）后都很开心。

图 0-1　天王寺动物园的竹筒

在动物园里，人们很难关注动物以外的事物。这只竹筒设置在通往象舍的小路旁，假如没有这只竹筒，人们就会错过此处的妙趣。天王寺动物园为了再现动物的栖息地和生态环境，便巧妙地设计了很多除动物之外值得观赏的"景观"。

也就是说，竹筒是动物园向游客提示动物之外的看点的玄机设计。

这只竹筒是我最早发现的有纪念意义的玄机设计，它开启了我不依靠数据、计算机去解决问题的新思路。我认为：想要引人注目，只需把能勾起人们意念的"玄机"设计好就可以了。

现在，我还时常会去天王寺动物园确认那只竹筒是否还在。竹筒构造简单、不易损坏、无须维修，真可谓优点多多。

此后，我在去往各地考察、寻找玄机设计的过程中一共收集到了几百个案例。由于我幸运地把握住了去斯坦福大学搞研究的机会，所以我才能在分析案例的基础上解释玄机设计的原理。本书便是我的研究成果的精华部分。

用行动解决问题

眼前的问题都是我们自己造成的。因缺乏锻炼导致肥胖，只能靠增加运动量来减肥，找别人代劳是不行的；饮食过量、整理乏术也需要通过改变行动来解决问题。

环境、交通等问题都是由我们自身的行为引发的，都是个人行为的"问题汇总"。想要解决这些问题，就必须从改变我们自身的行为开始。

虽然缺乏锻炼是个人问题，但不健康的人越多，医疗开销就越大，那社会需要负担的医疗费用也就越高。像日本这种高龄人口直线上升的老龄社会，医疗费用的增长必将成为社会的一个沉重负担。为了防患于未然，我们必须保持健康，做到"独善其身"。

在现实生活中，人们总是长于想象，疏于行动。所有人都知道缺乏运动、摄盐过量对身体不好，但由于这些行为不会让人们立刻就自食恶果，所以人们才放任自流、改不了好吃懒做的恶习。

所以，直接劝诫人们"应该怎样做"是没用的，而应通过诱发人们"不由自主地想做某事"去解决问题，这才是玄机学要讨论的主题。

不假思索的整理法

解决问题的方法不止一个。在此，我以整理为例，先来做个简单的说明。你也可以开动脑筋思考更多的方法。

如果想让人们注意保持环境整洁，在相应位置贴上一张写有"注意保持整洁"字样的纸当然是一种办法，但以我的经验来看，这样的贴纸是不能让环境保持整洁的。要是贴标语有用的话，那人们早就行动起来了。

我们可以换一个角度寻找解决方法。比如，只要让需要整理的东西变得更加醒目突出就行了。

可以像图 0-2 那样在文件夹的脊背上画一道斜线。这样文件夹的排列就会变得井然有序。因为错乱的斜线会让人们看着很不舒服，所以人们自然而然就会想要将文件夹调直摆正——这样也就达到了整理文件夹的目的。另外，我们还可以在文件夹的脊背上贴一张如图 0-3 所示的漫画，这种做法也能达到整理的目的。

在地面上画出车位线是为了引导人们规范停车。车停到线外边，就会让人感到很尴尬。自行车乱停乱放还会减少停车位，给行人带来麻烦。车位线能起到规范行为的作用，实现整顿停车场的目的。

图 0-4 是方便面发明纪念馆外边的自行车停车场。人们都是沿着车位线停车的，所以不会出现车辆占道的问题。

引言｜玄机设计：让人不由自主地想去做某事　009

图 0-2　文件夹的脊背上的斜线

图 0-3　文件夹的脊背上的漫画

玄机设计学
改变人们行为的创意构思法

图 0-4　自行车停车场的车位线

再比如，该怎样让孩子乖乖地把丢得遍地都是的玩具收起来呢？你跟孩子说"去把玩具收拾起来"是没用的。我有个正在上小学的女儿,所以我知道发号施令是行不通的。我女儿总是边收拾边玩,房间反而会被她弄得更加混乱。

如果像图 0-5 那样在收纳桶上增设一个篮筐,那么孩子就会一边投篮,一边把玩具收拾起来了。这样的设计能让孩子在玩将玩具投进收纳桶的游戏时,就把玩具收拾好了。

图 0-6 是美国超市出售的公仔(Tummy Stuffers)。这个张着一张大嘴的公仔的肚子是一只大口袋。家长只要把它拿到到处都是玩具的房间,对孩子说:"公仔饿了哟,快给它喂饭。"那孩子就会把玩具塞进它的大嘴里,喂它"吃饭"。这也是个整理房间的好方法。

再比如,想让人们有序排队有什么好办法吗?我从大阪去东京出差时总要搭乘飞机或新干线等交通工具。大阪的滚梯是左侧通行,右侧站立。而东京的却正好与之相反。这样的规矩会把人弄得晕头转向,会让人因为站错了队而影响他人通行。

图 0-5 设有篮筐的收纳桶

图 0-6 公仔收纳袋

我们可以像图 0-7 那样在滚梯的通行侧画上一排脚印。这样人们就会明白它是通行侧，而不是站立侧了。这个设计还能让人们掌握传送带的运行速度，可以预防人们在滚梯上突然摔倒。

图 0-7　滚梯上的脚印

可见，生活中随处都有整顿和清理的方法。比如，画车位线、设置篮筐、喂玩具"吃饭"、在滚梯上画脚印……

本书把这种改变人们行为的设计叫作"玄机设计"。

上述玄机设计的共同点就是让整顿和清理变成了最终的"结果"。虽然玄机设计最初并没有明确要求谁去整理什么，却又在不知不觉中达到了整理的目的。

因此，玄机设计的实质就是一场精心的"计算"。改变人们行动的玄机设计还可以巧妙地应用到生活的各个场景中。下文将向你详细介绍玄机设计的特点与奥妙。

怎样才能改变人们的行为

怎样才能让自己做出改变呢？我们在被人批评指责后是无法做到从善如流、有则改之的，甚至还会因为被指责而心生逆反。而且，大多数人都会受他人行为的影响而产生随大流的心理。

不少人也许都和我一样，认为贪图享乐是人的本性、个性和权利吧？

马克·吐温的名作《汤姆·索亚历险记》中的主人公汤姆就是个贪图享乐的人。当他被罚去刷墙（刷墙其实是个苦差事）时，他却装出一副刷墙让人很快乐的样子，从而让别人看了也都跟风去刷墙。

在伊索寓言《北风和太阳》中，北风和太阳打赌看谁能让人脱去外套。北风的猛吹让人裹紧了外套，而太阳的温暖才真的让人脱下了外套。

这些故事中都暗含着让人改变行动的奥义——不要强制别人去做什么，去改变什么，而是要启发他，让他产生要改变自己的想法。

这种"让人不由自主地想去做某件事"的启发式方法由于含有太多的不稳定因素，所以未必百试百灵。如果正面进攻无效，不妨考虑奇袭。

勾起人们"命中欲"的小便池靶心

图 0-8 是大阪国际机场男厕中带靶心的小便池。它对男性读者来说不过是个司空见惯的"小把戏"，但考虑到大多数女性读者都没有见过，所以我还是把它列举了出来。①

设计这个靶心是为了刺激人们"想要命中目标"的心理。这个靶心设在尿液喷溅范围最小的位置，从而让男厕变得清洁多了。

有些卫生间也会张贴"注意保持清洁"的标语。但标语大多没什么用，没有在小便池中设置靶心的效果好。

---

① 尽管靶心较为常见，但照片却很难拍到。我只能在无人使用，且小便池干净的情况下拍照。图 0-8 就是在清洁员打扫过小便池后，在无人使用的情况下拍到的珍贵资料。

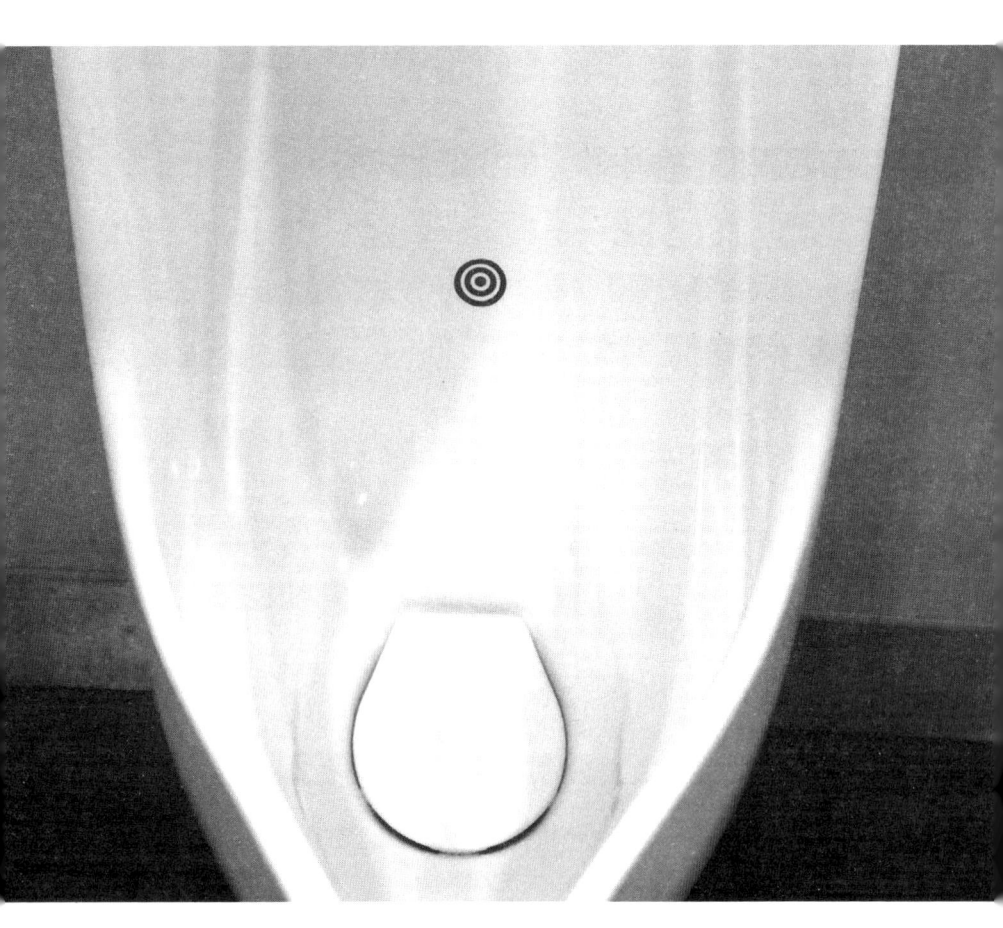

图 0-8　小便池中的靶心

荷兰斯希普霍尔机场的男厕里的靶心是"苍蝇"。据理查德·塞勒和卡斯·桑斯坦 2008 年合著的《助推》（*Nudge: Improving Decisions About Health, Wealth, and Happiness*）称，该设计让尿液外溅问题的发生率减少了 80%。[①]

这一说法被视为人们在小便池中设置靶心的开端。除了"靶心"和"苍蝇"，小便池里还可以有其他设计。我最喜欢的是在 Kidzania 甲子园的男厕看到的图 0-9 所示的"火苗"。

如果用能够随温度变化而改变颜色的涂料绘制火苗，火苗的红色消失就代表"火已熄灭"[②]。

图 0-10 是我在好莱坞见到的楼梯。白色的台阶上搭配了很多黑色的台阶，这让楼梯看起来就像琴键一样有趣。

[①] UrinalFly 网站指出，距排水口上缘 51mm、距小便池左右两边各 25mm 的位置为最佳"坐标"。
[②] Kidzania 甲子园的火苗不会消失，但有的地方卖火苗会消失的贴纸。比如，JR 东海新干线站内的男厕小便池中蓝色的三角形贴纸会随着温度的升高变成红色。

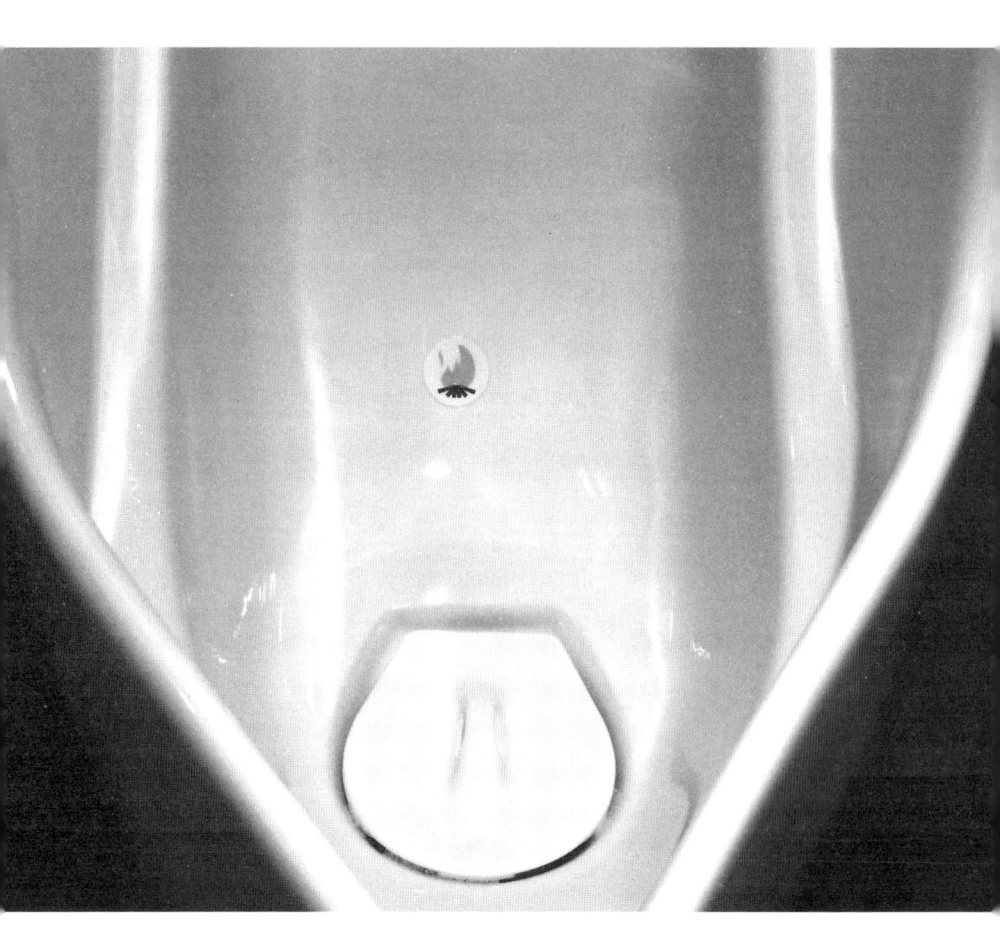

图 0-9 小便池的靶心

图 0-10 琴键楼梯

每个台阶上都设有传感器和扬声器，人们只要踩上去就能听到音乐声。为了听到音乐声，人们就会愿意爬楼梯。于是，琴键楼梯就成了能让人们增加运动量的巧妙设计了。

另一个有趣的例子是大众汽车公司举办的趣味理论竞赛的获奖作品——"世界上最深的垃圾桶（The World's Deepest Bin）"。

把垃圾扔进这个垃圾桶后，人们不仅能听到垃圾落入桶里的声音，还能听到垃圾与其他杂物碰撞的声音[1]。

如果想再听一遍这段声音，人们就需要把垃圾再次扔进这只垃圾桶。从 YouTube 上的相关视频可知[2]，有些人为了听声找乐，还会特地找垃圾去倒。

如果把这个垃圾桶放在公园的话，那么它收集到的垃圾会

---

[1] 假设没有空气阻力，这个垃圾桶的深度应为 300 米。
[2] 也可以在前文提到的趣味理论网站看到这段视频。

比一般的垃圾桶多出 41~72 千克。可以说它是一个用声音激起人们环保意识的创意垃圾桶。

玄机设计的优劣

本书是我在对收集到的案例进行分析研究的基础上编撰出来的，没有设计基础的人也可以轻松阅读。

不过，我还是想先讲清楚我对本书的界定。拿销售来说，本书讲的不是销售技巧，而是讲该如何让人们发现商品的魅力、对商品产生兴趣。

当然，玄机设计也会被人恶意利用，有些人希望通过阅读本书能够赚到很多钱。但我写作的目的并不是教人学会怎样算计。

本书在设定区分玄机设计优劣的标准的基础上，为你提供了实现好设计的方法。好设计和坏设计的区分方法很简单。当被设计者知道设计的目的后，依然觉得"好棒呀！我很喜欢这个创意"时，那就说明这是个好设计。相反，如果被设计者有上当受骗之感，誓要与设计者相忘于江湖的话，那就说明这是个坏设计。

话虽如此，很多设计作品都是难以区分好坏的。我们经常能看到商家改换上架商品的配置或变更菜单之类的营销操作，这当然不是商业欺诈。但这种为了赚取更高的利润、提升客单价的做法，确实会让消费者掏更多的钱为商品买单。然而，从一分钱一分货的角度来看，为品质有保障的商品多花点钱也没什么不对。何况，只要商品让消费者满意，让他们觉得钱花得值，他们就不会心生不满了。

定义玄机设计的三个条件

人们在制作东西时都带有目的性。因此，从广义上来说，所有的制作行为都可以叫作玄机设计。那么玄机设计和非玄机设计（不含引导性的设计）的区分标准是什么呢？

本书将诱使人们做出行动、解决问题，且能够满足"FAD条件"（这是三个英文单词的首字母合写）的诱因称为"玄机设计"：

- 公平性（Fairness）：不侵害任何人的利益；
- 引导性（Attractiveness）：能引导人们的行动；
- 目的的双重性（Duality of purpose）：设计者和被设计者的目的不同。

本书将满足上述条件的设置称为"玄机设计"。较之"玄机"的一般意义，这里的"玄机"更为狭义，并有限定条件。

以下是对限定条件的具体说明。

- 公平性（F）是指设计不会侵犯任何人的利益。骗人的把戏肯定不是玄机设计。前文提到的"坏设计"因为没有公平性可言，所以也不能称为玄机设计。

- 引导性（A）是指诱使人做某事，而不是强迫人做某事。要满足该条件就要给玄机设计增加行动的选项，它能让我们自由地选择做或不做某事。也就是说，玄机设计是带有引导性的，且能让人自由地选择做或不做某事。那些不能引起人们兴趣的玄机设计就缺乏引导性。

- 目的的双重性（D）是指设计者的目的（需要解决的问题）和被设计者的目的（做某事的理由）是不一致的。不能满足这些条件的设计就不是玄机设计。

大多数情况下，被视为对象的问题并不明确，人们有可能在没有意识到问题的情况下，仅凭兴趣去做某事。

当然，也有人能看穿玄机设计和问题之间的关联。如果是好的设计，那么设计价值即便提升，也不会让人避而远之。

图0-4中的自行车车位线、图0-8和图0-9中的小便池的

靶心都是利人利己的玄机设计。

这些设计的 FAD 条件并没有向被设计者明示，所以不易被发现。可一旦你的头脑中有了玄机设计的概念，就会去留意身边的玄机设计。

例如，图 0-11 中的家用面包机就是一例。我每天睡觉前都会在面包机里加入 250 克强力粉、10 克黄油、17 克砂糖、6 克脱脂牛奶、5 克盐、180 毫升水和 2.8 克酵母粉，之后按下定时键。次日清早，面包机就会按时启动。我每天都会被面包的香味唤醒。由于烤熟的面包如不及时取出就会缩小，这就促使我每天努力早起去迎接新的一天。可见，面包机有着优秀的引导性。

面包机不仅能让我在起床后吃到美味的早餐，还兼具叫醒功能，它是一款具有双重目的性、不让任何一方受损的、公平的好设计。因为面包机能够满足 FAD 条件，所以它是玄机设计的产物。

028 玄机设计学
改变人们行为的创意构思法

图 0-11　叫早的面包机

能够定时煮咖啡的咖啡机与面包机有相同的妙用。普通的闹钟会让我们很不耐烦地按时起床,但面包机和咖啡机却能让人心甘情愿地早起用餐。它们都是玄机设计的好案例。

日语的"玄机"一词含义颇多,它能让人联想起魔术师们常说的"我没有故弄玄虚",也能让人想起忍者设计的圈套。

《超级大辞林》(三省堂出版)对该词的解释如下。

① 开始做,着手。例句:手头上的工作。
② 采取行动。例句:等待对方有所行动。
③ 为实现某种目的而制作。a.装置、结构或构造。例句:没有弄虚作假。结局让人恍然大悟的电影。b.钓鱼时为垂钓组合在一起的鱼竿、鱼钩、钓针。c.有特殊装置能变换花样的烟火的省略语。
④ 打挂、搔取。例句:这个搔取要这样用(《人情本·春色梅美妇祢·五》)。
⑤ 方法、策略。例句:两人都觉得这是个好办法(《浮世草

子·好色一代男·四》)。

⑥ 欺骗。例句：骗取钱财（《净琉璃·堀川波谷·中》)。

⑦ 准备。预备。特指准备食物。例句：必须准备早餐（《人情本·春色英对暖语》)。

本书中的"玄机"近义于②和③中的解释。不过，本书的玄机是指在增加行动选择的基础上，诱使人在不知不觉中去做某事。所以它不同于②，它没有积极、强烈的目的性。③是用设计本身来解决问题。而本书的玄机是用设计来刺激人的行动，通过行动来解决问题的。

其他几项解释与本书中所说的玄机没有任何关系，完全没有涉及"目的的双重性"和"公平性"。也就是说，本书中的"玄机"是附加了 FAD 条件的"行动"之意。

由于我把玄机学看作一门学问，为了避免词语多义性造成的干扰，我们就必须对专业术语的词义进行限定。而将这门学问命名为"玄机学"，是为了让人们易于接受这个概念。我也希望能通过本书的介绍，把能够满足 FAD 条件的"玄机学"概念推广开来。

玄机设计的用武之地

玄机设计既能解决生活中的小问题，也能解决社会上的大问题。因此，本书的读者群相当广泛。下边就是它的实际应用案例：

- 不喜欢被闹钟叫早的人：能让人快乐起床的设计；
- 介意自己体重的人：让人想运动起来或控制饮食的设计；
- 考虑店头促销新品的经销商：刺激消费者购物欲的设计；
- 试图改善发展中国家卫生状况的创业者：让人想投掷垃圾进去的垃圾桶或让人有使用欲望的卫生间等设计；
- 思考暑假自有研究课题的小学生：让小学生愿意帮妈妈做家务或主动整理房间的设计。

上述只是少数案例。无论是儿童还是成人，在家中还是在职场，大家都可以根据自己的目的来阅读本书，寻找诱导行动、解决问题的灵感与方法。

01

生活处处有玄机：玄机设计的妙用

增加人们的行动选项

玄机设计可以增加人们的行动选项。如果新选项魅力十足，就能诱导人们主动改变自己的行动。当然，如果人们对新选项没兴趣也不要紧，他们依然可以按原计划行事。

图 1-1 描述的就是上述关系。玄机设计的优点在于，它是一个没有强迫性的行动备选项。

增加新选项不会影响人们最初的期待值。由于人们的行动是其主观选择的结果，所以后期也不会有上当受骗之感。可见玄机设计是既不影响期待值,又能解决问题的好方法。

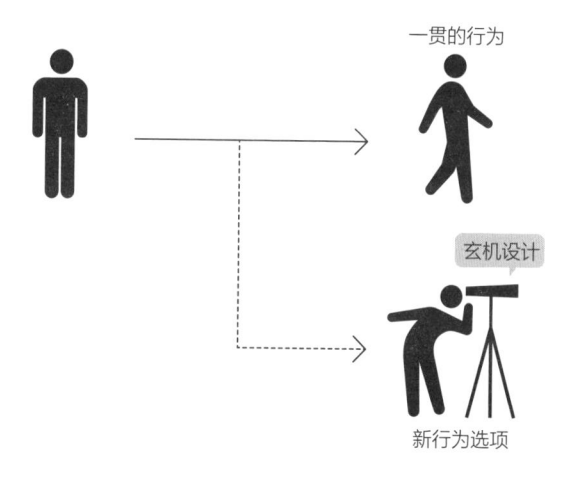

图 1-1 增加行为选项的玄机设计

比如,文件夹脊背上的斜线与漫画贴纸、停车场的车位线、收纳桶上的篮筐、能吞吃玩具的公仔收纳袋、滚梯上的脚印、小便池里的靶心、琴键楼梯、叫早面包机……这些在引言中介绍的案例都是引导人发起行动的备选项。

一旦发现了玄机设计的魅力,你就一定会接受它的备选项,并跃跃欲试。

巧妙的行为引导

行动选项中也有"不行动"的选项。图 1-2 是我在路边的墙脚下偶然看到的小鸟居。不过，这些小鸟居并不是神社旧址或神社分社的标识。

鸟居是神社的入口，它能让人联想起因果报应，从而约束自己的言行。遛狗的人看到设置在路边的鸟居，便会拉开狗狗，不让狗狗在那里大小便。它也能减少乱扔乱放垃圾的行为。可见，一个小鸟居能给人们的行为带来很大的影响。

当然，你也可以选择张贴"严禁乱扔垃圾""严禁狗狗随地大小便"的警示标语来引起别人的注意。但这种做法只会招致别人的反感。而且，这样的警示贴出去也会给人留下小肚鸡肠的印象。所以，张贴警示标语并不是一个好办法。

小鸟居才是既不给人留下不良印象，又能改变人们行动的好设计。

图 1-2 小鸟居

注意，玄机设计法只对那些对玄机感兴趣的人才有效，它不可能改变所有人的行为。

除了效果，我们还应该在综合考虑制作成本、维修成本和制作难度的基础上导入合理的设计。哪怕只有百分之一的人对设计有所触动，也能表明该设计要比张贴告示的方法成功得多。

从理论上讲，行动备选项是非常多的。但人们在熟悉的环境中每次都会不假思索地做出相似的选择。因为，如果我们把所有的精力都耗费在思考该采取怎样的行动上，那么我们就会疲于奔命。而且，不显眼的设计可能很容易被人们忽视。天王寺动物园的竹筒就是一个能够成功激起人们窥视欲望的设计作品。

为此，你必须知道人们对什么样的东西感兴趣。可见，玄机设计能让我们将以往的经验和知识活学活用。一旦你养成了玄机设计思考法，就会以全新的视角来看待世界。

在第 2 章中，我会具体讲解何谓玄机设计思考法。

设计行动选项的方法论中有一个"助推法"(即用胳膊肘轻推的意思)。它是指人们不需要经过审慎地判断再采取行动,且不会遭受任何损失。

比如,用数码相机拍照,使用者不需要什么高超的技术也能拍出美丽的照片。可以说数码相机的设计就是一种"助推"。

助推是让人们不假思索就能做出选择、并采取一贯行动(默认选项)的设计方法。而玄机设计是让人们不由自主地做出选择、并付诸行动的(备选项)的设计方法。

玄机设计出奇制胜的效果

玄机设计在改变人们的行动后,能让人在不知不觉中解决问题。拿小便池靶心的案例来说,解手的人只是想瞄准靶心,而最终产生的结果却是让小便池变得更加清洁卫生。

如果你想让某人做某事，那最好不要以请求或命令的形式去告知他。你可以根据他的兴趣取向和行动特点，对症下药地去构思玄机设计，并得出解决问题的结果。当正常方法无济于事时，你不妨考虑采用玄机设计来达到出奇制胜的效果。

由玄机设计催生的行动和最终结果貌似并无关联，但只有这样的设计才是真正的好设计。这被称作"玄机设计的关联作用"[1]。换言之，玄机设计是通过"操控"[2]人的行动，让人在不知不觉中解决问题的设计方法。

玄机设计的关联作用源于行动的多义性。拿"投掷"一词来说，它既可以指运动会上的投篮，也可以指向垃圾桶里扔投垃圾。该行动在不同环境下均能发生，而互换行动和环境就能实现玄机设计的关联作用。

---

[1] 玄机设计的关联作用的概念最早是由关西大学的松下光范先生在 Twitter 上提出来的。他指出："我认为玄机设计学也是存在关联作用的。它的关联作用不像社会制度设计那样有着明确的规范，不会对人们的行动有强烈的指示。玄机设计是在提示其他目的（瞄准小便池靶心）的过程中，起到关联作用（小便池清洁卫生）的。"
[2] "操控"一词是京都大学的中小路久美代女士给我的提示。

如果在垃圾桶上设置篮筐，再播放运动员进行曲，那么扫除就会变成投篮比赛。于是，无聊的扫除活动就变得生动活泼起来。这样做的结果当然就是让房间变得干净整洁[1]。

图 1-3 展示的是美国加利福尼亚州教育园区的入口。人们可以拉开左边的铁丝网门进入园区，也可以通过钻右边的水泥管子进入校园。孩子们大多喜欢钻洞入内。

图 1-4 展示的是一个募捐箱。把硬币投入看得见内部构造的滑块中，硬币就会沿着圆锥形的斜面加速下滑，最终会通过中心的圆洞掉进募捐箱。由于硬币旋转的样子和发出的声音非常有趣，所以吸引了很多人前来围观和捐款。该设计把投币取乐的行动和捐款的行动巧妙地结合在了一起。

---

[1] 这是稻垣敬子女士（国誉株式会社 RD- 中心）和小林昭彦先生（国誉株式会社 RD- 中心）在谈话中提到的案例。在征得他们的允许后，我也引用了这个案例。

玄机设计学
改变人们行为的创意构思法

图 1-3　水泥管入口

图 1-4　硬币滑块捐款箱

图 1-5 展示的是日本阪急百货店梅田总店大道对面的一个橱窗，这个橱窗会随着季节的变化而展现出别具匠心的风景。这个橱窗很容易激起人们拍照的欲望，所以工作人员又在橱窗前加了一个站台，以便唤起人们拍照的想法。

图 1-5 带站台的橱窗

图 1-6 则展示了日本大阪车站城三楼通往时空广场的超长楼梯。画有幻觉艺术的楼梯成了行人乐于拍照的"打卡"胜地。

如果照片拍得好，人们就会想将它与别人分享，或上传到 Facebook、Instagram 等社交媒体上去。上传、分享等行为也可以为大阪车站城做免费宣传。

想把拍得好的照片拿给朋友们看和想把橱窗的宣传照传给人们看的行动就这样被巧妙地结合在了一起。

但有时玄机设计的关联作用也会适得其反，产生副作用。例如，垃圾投入过量反而会造成新的污染；钻水泥管的乐趣可能会让人忘了来园区的真正目的；投币过多会浪费金钱；拍照太久会耽误别人通行……物极必反，副作用也会引发很多本末倒置的问题。

图 1-6　幻觉艺术纪念照拍摄地

玄机设计的关联作用能否正确地引导人们的行动是难以预料的。一旦节外生枝，及时改正就可以了。要想让关联作用发挥得恰到好处，只能不断地试错，逐步改进。

玄机设计的两大特征

有些玄机设计对大多数人都是有效的，而有些玄机设计却只对少数人有效。我们可以把人们对玄机设计反应的强弱视为玄机设计的两大特征——"便益"与"负担"。

当改变行动的负担较大却得不到任何便益的时候，人们是不会改变行动的。相反，当改变行动的负担较小时，即便得到的便益不多，人们还是会愿意改变行动的。

便益是指玄机设计带来的欢乐、愉悦、期待、成就感等主观情感。图 0-10 中的琴键楼梯就能让人们产生可能会听到踩踏时发出来的音乐声的期待，并会因为真的听到了琴音而感到欣喜。这种欣喜感就是"便益"。再如射中图 0-8 和图 0-9 中的小便池靶心,也会让人获得成就感。

负担则是指为改变行动需要消耗的体力、时间和金钱。我们以无动机时的负担为基准,来关注一下动机产生时出现的负担值。

例如,当琴键楼梯和滚梯设置在一起时,爬楼梯的负担与搭乘滚梯的负担差就是负担值。

如果没有滚梯只有琴键楼梯的话,那么玄机设计的负担值就无从谈起,也不可能生成附加的负担。

爬楼梯是件很辛苦的事,负担较大。如果琴键楼梯不能让人们真的听到琴音,让人们得到实实在在的便益,那人们是不会改变行动来爬楼梯的。

当然,也可以像图 1-7 所展示的那样,在台阶的侧面贴一张卡路里消耗量的贴纸。贴纸能让人们直观地看到自己爬楼梯的收获，并因成就感而获得便益。不过，爬五个台阶才能消耗0.4千卡的卡路里，所以人们获得的便益相对较小。

世界第一深的垃圾桶超长的降落音和坠落时的撞击音能让人获得有趣的便益感，而且扔垃圾也不会给人带来很大的负担。小便池靶心的负担小，但射中靶心也不会让人获得成就感。

如果按照人们对玄机设计的反应强弱，把上述设计进行排序的话，其顺序就应该是：世界第一深垃圾桶、小便池靶心、琴键楼梯、台阶上的卡路里消耗量贴纸。

实际上，玄机设计的制作成本、维修成本、制作的难易度等问题也很重要。下文讲述的是玄机设计的持续性问题。因为只以玄机设计的强弱度为依据，是无法判断设计作品的优劣的。表 1-1 可以作为你在思考玄机设计给人造成影响的强弱度时参考的标准。

图 1-7　贴有卡路里消耗量贴纸的台阶

表 1-1　　　　　　人们对玄机设计反应的强弱图

			便益 玄机设计带来的快乐、喜悦感	
			大	小
负担	改变行动需要消耗的体力、时间、金钱	大	较弱 （例：琴键楼梯）	弱 （例：台阶上的卡路里消耗量贴纸）
		小	强 （例：世界第一深垃圾箱）	较强 （例：小便池靶心）

所有的刺激都会逐渐变弱

如前文介绍的，玄机设计是通过行动的关联作用来实现目的的。但玄机设计也会产生副作用，那就是"腻烦感"。

新鲜感、好奇心等刺激确实能激起人们的兴趣。但人们在体验过一次之后，便会失去兴趣。也就是说，便益会随着接触频度的增加而减弱，但接触频度不会对负担造成影响。只有便益大于负担时，人们才愿意改变行动。便益和负担的交点也是玄机设计能否让人们做出行动的分界点。

图 1-8 是便益和负担的关系示意图。二者是无法量化测定的。在讨论玄机设计的效果和持续性时，便益的衰减曲线和负担之间的关系就是一个好的切入点。

便益的衰减曲线可以用来表示"腻烦度"。衰减曲线越是平缓，则表明设计效果可持续的时间就越长。

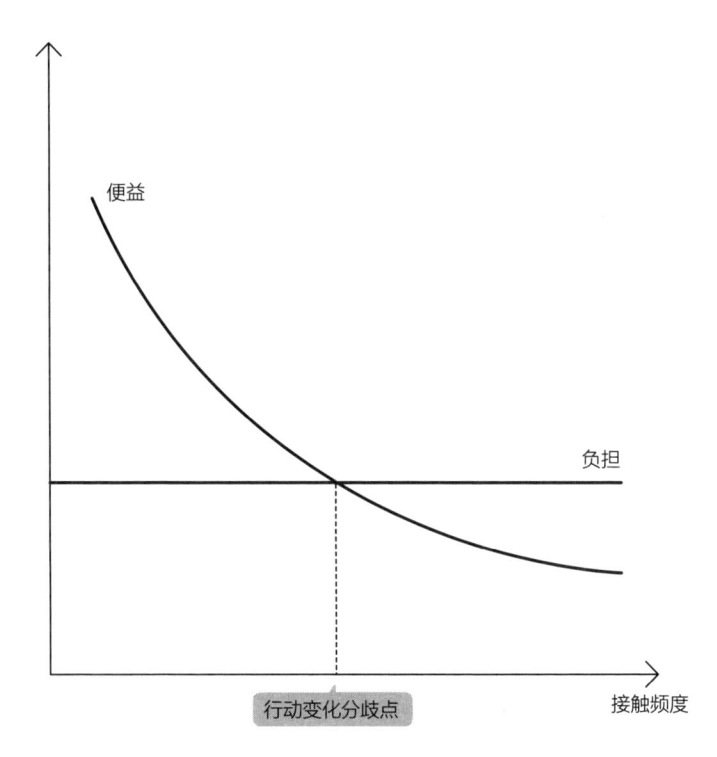

图 1-8　玄机设计中便益与负担的关系示意图

在玩游戏时，熟练度、难易度设定、他人的认可、期待心理作用等，都是让人们保持对游戏热情的要素。所以我们在构思玄机设计时，也可以考虑用这些要素来维持人们对作品的兴趣。

就拿带篮筐的收纳桶来说，其投射有一定的难度，反复练习才可以提升熟练度。琴键楼梯虽然有趣，但想通过反复练习来提高熟练度是不可能的。

图 1-8 表明，当便益和负担都很低时，作品的效果是可以持续下去的。比如，小便池靶心的负担很低，其效果也比较稳定。

由于便益会逐渐衰减，所以能长期、稳定地发挥效果的只有负担小的设计作品。那些不易让人感到腻烦的因素可以提升便益衰减曲线，使之趋于平缓。

图 1-9 展示的是我的大女儿在做暑假自由研究作业时，用塑料瓶和在百元店购买的盒子制作的储蓄罐。

为了延长储蓄罐的使用寿命，我在制作时参考了扭蛋机中的扭蛋球的设计（在扭蛋中塞进写有"吃点心""帮妈妈做家务"等活动的卡片），以提高女儿使用储蓄罐时的期待心理，从而提升便益衰减曲线。

在偏僻的地方设一处玄机设计，即便它只被使用过一次也

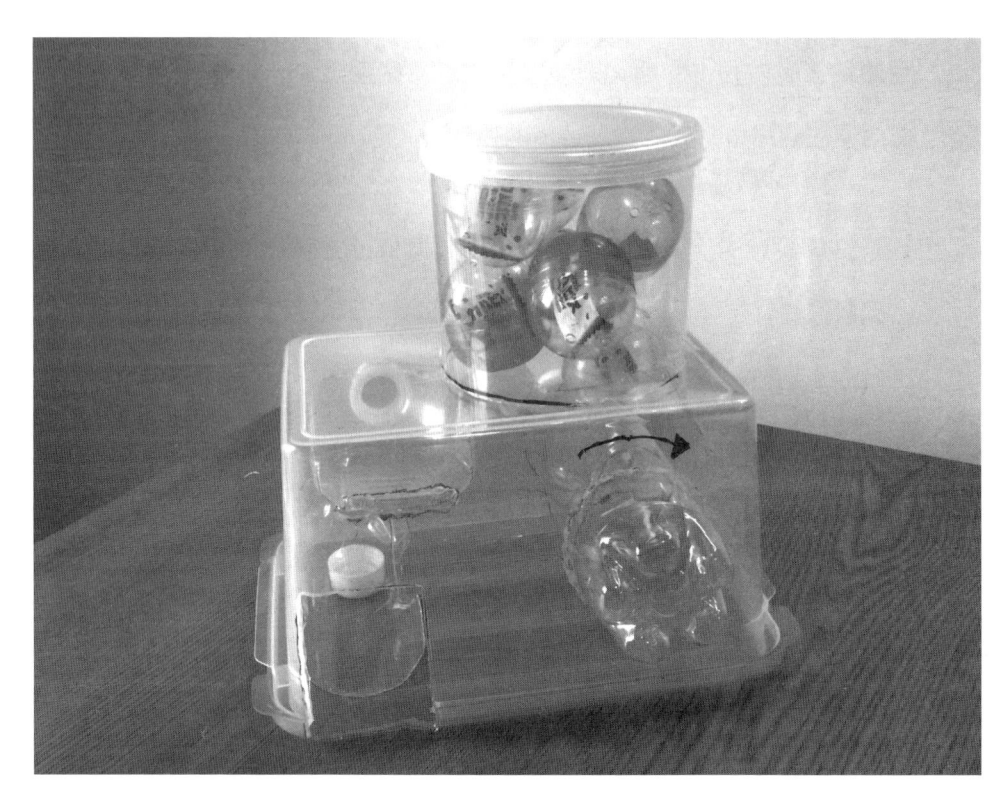

图 1-9 扭蛋机式的储蓄罐

算是成功了。在景区、庆典会场等人多的地方设置玄机设计时，负担大一点也没关系。只要人们从设计中体验到了获得感，就是对这个设计的认可。

刺激性强的玄机设计容易在社交媒体上扩散。想要给庆典活动和景区做宣传的话，即便负担大、持续期短也无妨。只要提高便益的比重，就能达到宣传的目的。

玄机设计的优劣也不完全取决于效果持续的时长，只要能达到目的，就是好设计。

行动中心法

玄机设计不是用"物"来解决问题，而是通过改变人们的"行动"来解决问题。这个观点对玄机设计来说是至关重要的。只有把以"物"为中心的思考法转变成以"行动"为中心的思考法，我们才能探索出新的方法来。

用"物"来解决问题不见得就能实现自动化，也不一定会很方便。因为它需要考虑成本和后期的维修费用。"物"有功能上的限制，所以用其来解决问题并不一定方便。

垃圾分类问题同样不能用"物"来解决。如果通过改变人们的行动去解决问题，就能节省导入和维修的成本，后期效果也会变得更有灵活性。

毕竟，人人都有"一本万利"的心理。

公共卫生间的保洁也是一大社会问题。人们为此曾做过多种尝试。虽然安装自动清洁机、开发保洁材料也是一种方法，但这样做的成本却是相当高的。

图 0-8 和图 0-9 的小便池靶心就是通过改变人们的行为达到了保洁的目的。这就是以行动为中心的方法。

在卫生死角扔垃圾、放任狗狗随地大小便，也会给环境带来压力。如果以"物"为中心寻找解决方法，那也许我们就得安装感应灯或监控摄像头，以便人们看到这些死角。但购买机器、安装设备都是要花钱的。

如果以行动为中心去寻找解决方法，就可以像图 1-2 那样设置一个小鸟居。人们只要一想到在神圣的鸟居前扔垃圾是会遭到惩罚的，就会变得谨言慎行起来。这样的设计不仅能规范人们的行动，还能抑制大家乱扔垃圾的不负责心理。

防盗也是社会问题。如果用"物"来防盗的话，那我们可以配防盗钥匙、指纹验证锁、安装保险公司出售的防盗设备、提高安全级别……但这些都是物理防盗法。

如果用行动来防盗的话，就要考虑该怎样才能"不让贼惦记"，防患于未然。乱扔垃圾、乱停车辆、楼道里破烂的玻璃窗，这些现象都会刺激小偷的"贼心"。这种连锁式的环境恶化也被称为"破窗理论"①。此时，我们只要在小区的空地上搭建一座花坛，那么居民们对那里的关注度就会提高，道德水准也能提升。这样就能有效地抑制犯罪。

搭建花坛不仅能美化环境，其产生的关联作用还能为维护治安做出贡献。

玄机设计也会"脱靶"

玄机设计偶尔也会出现事与愿违的结果。图 1-10 是我在驾照中心更换驾照时拍到的照片。排队的人故意避开了脚印，站到了一边。其实，脚印是为了提示人们站在那里等待。图 0-7 中所展示的滚梯上的脚印、电车站月台上的脚印都是提示人们踩在上边的。但图 1-10 却造成了另一种结果。

---

① 破窗理论（broken windows theory）是犯罪学的一个理论，该理论由詹姆士·Q. 威尔逊（James Q. Wilson）及乔治·L. 凯林（George L. Kelling）提出。此理论认为如果放任环境中的不良现象存在，会诱使人们仿效，甚至变本加厉。——译者注

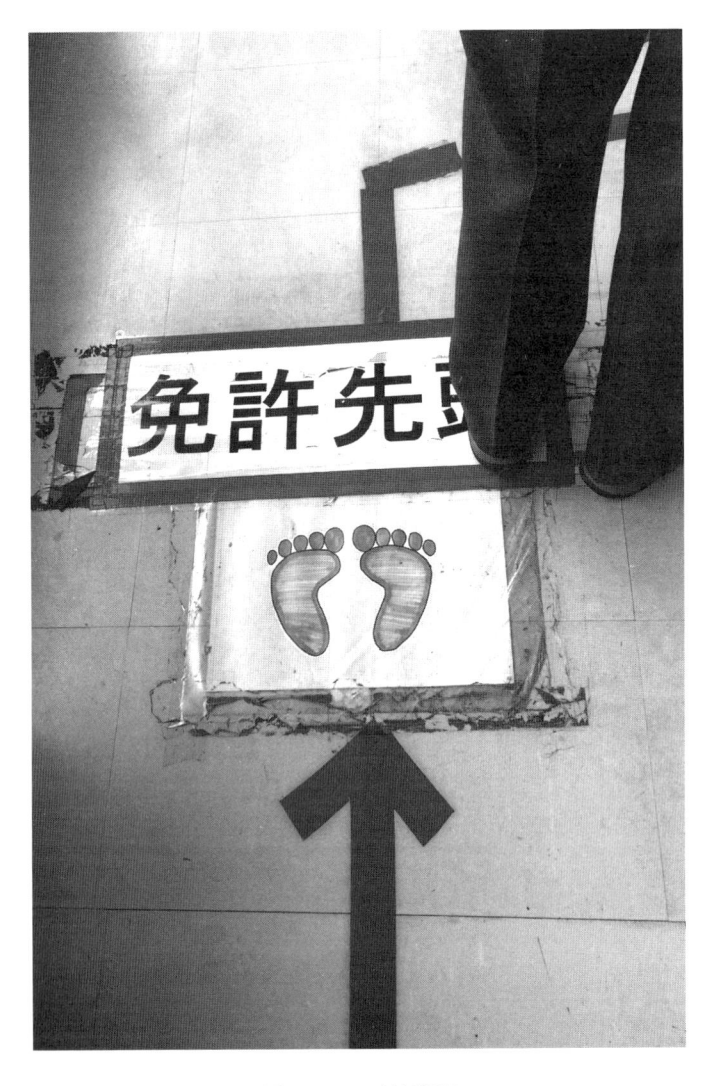

图 1-10 手绘脚印

可能是因为人们觉得脚印画得太可爱了，所以不忍心踩上去吧。因为该设计没能实现最初的目的，所以可以说是"脱靶"了。

手绘有抑制行动的作用。日本大阪市足立区交通部门的工作人员把孩子们的手绘画报贴在了车辆乱停乱放的多发路段。结果，那里的车辆乱停放的状况改善了不少。

因此，驾照中心应该换上人们踩上去也不会产生罪恶感的图画。

玄机设计是上帝留给我们的一扇窗

假如垃圾桶上设有篮筐，那么我们应该后退几步再来个大灌篮式的扔垃圾吗？这样做是正确的吗？按理说，这样的行为是不值得褒奖和提倡的。靠近垃圾桶，把垃圾轻轻地丢进去，才是正确的做法。

但中规中矩的大道理是无法感化人的。谁都知道垃圾就应该扔进垃圾桶，爬楼梯肯定比坐电梯对身体更好。但当我们心里明白却不肯行动时，剑走偏锋的玄机设计就能促使我们去行动。

玄机设计与中规中矩的道理并不冲突，它是上帝在关闭大门后留给我们的一扇窗。

02

玄机设计的构成要素

玄机设计的原理

虽然我们在前文说过玄机设计是一种解决问题的有效方法，但真让我们自己去进行相关的设计，我们还真不知该如何着手。

尽管我们从幼儿园到研究生阶段学习了很多知识，却从没学过有关玄机设计的思考方法和设计方法。

不过，既然我们是在不知不觉中被设计作品所吸引的，那么只要客观地分析我们被吸引的原因，就一定可以发现其中的奥秘。

小便池靶心就是在"让人们在不知不觉中想要瞄准靶心"的想法的作用下，把靶心摆放在正确的位置上，从而实现保洁目的的。以此类推，我们也可以找一些想让人瞄准的东西去构思新的设计。

有些玄机设计的构造非常复杂。我平时就很关注这方面的案例。比如，人们会基于亟待解决的问题、设置的地点、对象的属性和兴趣等因素去构思各种玄机设计。

千变万化的玄机设计貌似无章可循，可只要我们掌握了它的原理，就会发现它的构思其实非常简单。

玄机设计的构成要素

在解释原理之前，让我们先来了解一下描述原理的相关术语。

为了能够系统地理解玄机设计，我们必须首先找出能够描述其共性特征的词语。拿小便池的苍蝇靶心来说，我们最先能抓住的关键词也许是"小便池""苍蝇"和"靶心"。

这几个词只能用来描述个例。设计原理要说明的是具有普遍性、能够揭示本质的问题，而不是个例的构成要素。因为靶心并不限于"苍蝇"，也可以是"圆环"或写有"中"的文字标识。因此上述关键词就不是能够描述原理本质的要素。

除了构成要素，我们还可以描述玄机设计所引导的行动。"瞄准"这一行动就跳出了靶心及其形式，直接反映出了具有普遍性的本质。但这种方式也不是最佳表述法。术语要尽可能多地去说明更多的案例，其适用度和普遍性也是非常重要的。因此，我们应该对照实际的玄机设计案例去寻找具有普遍性的术语。而"瞄准"只能说明同类设计案例，并非最佳术语。

另外，动词也有很多，但它们并不一定适合用来描述玄机设计的原理。日本内阁告示规定的常用汉字表中有一千多个动词，用它们来描述玄机设计的构成要素是不可能的。

玄机设计还涉及很多学科领域。其物理属性与工学和设计有着很深的联系，其构思与引导人们做出行动的心理学、行为经济学也有关系。

因此，可以参考这些学科的术语来描述玄机设计的原理。我在参照具体案例的基础上对相关术语进行了总结，又在实际应用中对总结出的术语做了抽象化处理。在归纳整理玄机设计的特征后，我又提取了它的构成要素。

我调查了120个案例，发现如将其分成两个大类、四个子分类和16个小类，就能解释所有玄机设计的原理了。图2-1是我得出的最终结果，我会在后文中对其做详细的阐述。

该分类体系是把设计案例按从低级到高级的顺序排列组合起来的，并不是在理论的基础上构建的。

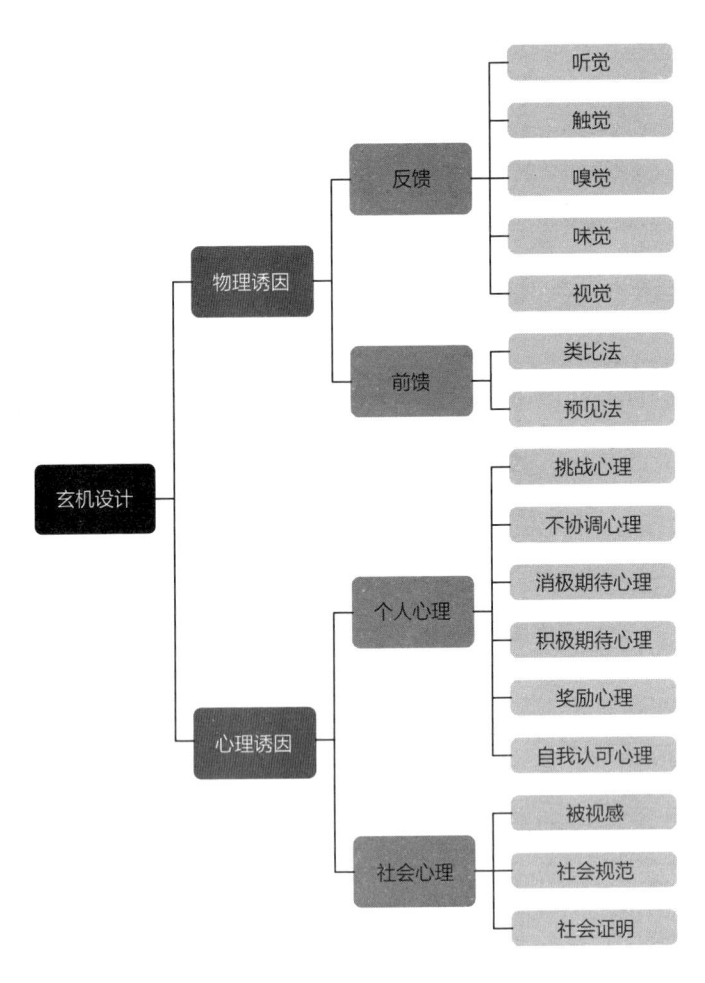

图 2-1　玄机设计的原理

各项原理并非独立存在。分类的方法不同，则分类出来的体系也不同。因此，我整理出来的分类体系也不是绝对的，它只是辅助你理解玄机设计原理的一种参考。

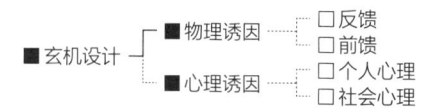

```
■玄机设计 ┬ ■物理诱因 ┬ □反馈
         │          └ □前馈
         └ ■心理诱因 ┬ □个人心理
                    └ □社会心理
```

玄机设计的两大构成要素：物理诱因和心理诱因

从图 2-1 可知，玄机设计的构成要素可分为物理诱因和心理诱因两大类。

"诱因"有"扳机、引导、起因"的意思。物理诱因是指能被人们感知到的设计的物理特征，而心理诱因则是指人们的心理活动。两者之间的关系详见图 2-2。

物理诱因 　　心理诱因 　　行为改变

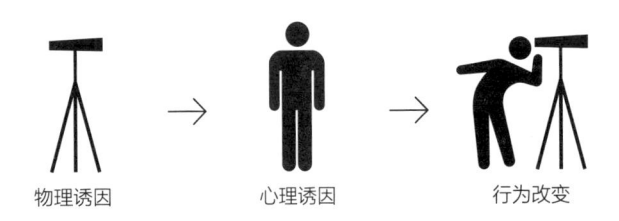

图 2-2 物理诱因与心理诱因之间的关系

心理诱因是由物理诱因引发的。当二者之间存在自然的关联时，玄机设计就会发挥效力。"自然的关联"是指当人们想起具有物理属性的知识或经验时，就会自然而然地触动心理诱因。

由于心理诱因的有无和强弱是因人而异的，所以同样的刺激并不会让所有人都有所触动。但玄机设计本身就不是强迫人们去做什么，所以没有反应也是正常的。

以图 0-10 中的琴键楼梯为例，貌似琴键的台阶和真的能听到琴音的设计就是物理诱因。人们产生"想听琴音"的心理诱因后，就会做出爬楼梯的行动来。

图 1-2 中的小鸟居的性质和颜色会让人们在物理诱因上产

生"不可肆意妄为，否则会遭天谴"的心理诱因，于是人们就会克制乱扔垃圾的行动。

图 0-4 中的车位线的物理诱因能让人们产生"不能压线"的心理诱因，并连带出规范停车的行动。

可见，玄机设计是由物理诱因引发心理诱因，并通过改变人们的行动来产生效果的。

以下是物理诱因和心理诱因的构成要素。

物理诱因 1：反馈

在物理特征的影响下，给人们带来影响的物理诱因是由"反馈"和"前馈"构成的。

反馈是玄机设计随着行动的变化而变化的机制。这种变化是能够被人的五官所感知的。"听觉""触觉""嗅觉""味觉"和"视觉"都属于物理反馈的范畴。

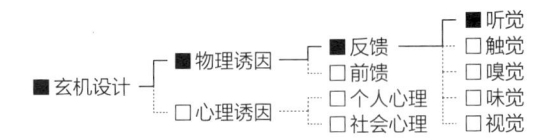

```
■玄机设计 ─┬─ ■物理诱因 ─┬─ ■反馈 ─┬─ ■听觉
          │              │         ├─ □触觉
          │              │         ├─ □嗅觉
          │              ├─ □前馈  ├─ □味觉
          │                        └─ □视觉
          └─ □心理诱因 ─┬─ □个人心理
                        └─ □社会心理
```

听觉反馈

在向图 1-4 中的募捐箱投掷硬币时,硬币的加速下滑会给人们带来视觉上的反馈,而硬币旋转产生的声响会给人带来听觉上的反馈。由于该设计作品能同时给人带来视听反馈,所以是一个很好的设计作品。

此外,图 0-10 中的琴键楼梯在人们踩上去之后产生的琴音,引言中介绍的向世界第一深的垃圾桶里扔垃圾时产生的坠落音和碰撞音都属于听觉反馈。

自古以来,日本人就用声音制作了很多玄机设计。比如,把能模仿黄莺啼叫的道具挂在房檐下,以此提示防范敌人的入侵。

添水竹筒敲打石头的声音可以吓跑危害农作物的鸟兽。微风轻拂时叮咚作响的风铃，能给人带来清凉之感。这些有趣的声音设计一直流传至今，它们都是对听觉反馈的应用。

声音能够自由地传入我们的耳朵，具有一定的强制性。如能灵活地应用声音，就能构思出好的玄机设计来。反之，设计出来的作品就会给人带来麻烦。所以此类设计也是受地点和情况的限制的。

此类设计最好选址在允许声音自由传播的地方。比如，热闹的庆典会场、不影响景区整体风格的地方……

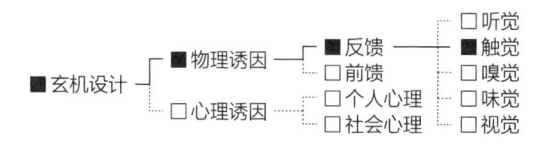

```
                              ┌─□听觉
           ┌─■物理诱因─┬─■反馈──┼─■触觉
■玄机设计──┤          └─□前馈  ├─□嗅觉
           │          ┌─□个人心理├─□味觉
           └─□心理诱因─┴─□社会心理└─□视觉
```

触觉反馈
———————————————————————————

袖珍兔蓬松的皮毛、猫狗爪下柔软而富有弹性的肉垫都有极好的触感。人们见了诸如此类的小动物，就会很想伸手触摸。相反，带刺的栗子皮和旋转中的换气扇叶就不会让人产生想去触碰的念头。

人们都想在松软的土路上行走，天热时就想去触碰冰凉的东西，天冷时就想围炉取暖，夏天想在树荫下行走，冬天又会寻找向阳处。

这种用肢体感知到的外部刺激也能引导人们的行动。大和运输公司在搞活动时，就在宽达数米的巨大海报上画了一张毛茸茸的大猫脸。因为猫毛看上去很顺滑，所以围观的人们都想上去摸一摸，并想把自己的体验转告给其他人。

设计大海报的目的就是为了告知人们公司推出了新活动。而这一设计的最终结果就是：人们用口耳相传的方式让海报成了热议焦点，从而达到了公司的宣传目的。

另外，利用振动也能构思出玄机设计。图 2-3 中所展示的三角形厕纸卷可以在旋转时让人们感受到纸卷旋转的反馈[1]。与普通圆形纸卷相比[2],这种形状的纸卷能让厕纸的使用量减少30%。

图 2-3　三角形的厕纸卷

---

[1]　即用手压制的三角形纸卷。
[2]　2011 年,在大阪大学开设的科目基础讲座《打动人心的玄机设计构思》中展示了该作品。

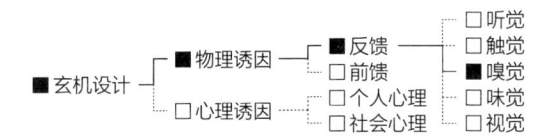

```
■玄机设计 ┬ ■物理诱因 ┬ ■反馈 ┬ □听觉
        │           │        ├ □触觉
        │           ├ □前馈  ├ ■嗅觉
        │                     ├ □味觉
        └ □心理诱因 ┬ □个人心理 └ □视觉
                    └ □社会心理
```

嗅觉反馈

你在饭店门前闻到的食物香气并非偶然。那是饭店为了招揽生意，故意让香气飘往繁华路段所在的方向。

有种面包味的香水，它在那些不贩售面包的糕点铺子里卖得很好。

图 0-11 中的面包机就有用面包香气叫醒的功能。

类似地，图 2-4 中所展示的是带有香味的巧克力点心海报。由于提示语上写着"只有一张海报有巧克力的香气"，所以人们为了找到这张带有香味的海报，就会上前把 14 张海报闻一遍。这个有趣的创意很快就在人们的热议中变得家喻户晓了。

02 | 玄机设计的构成要素 077

图 2-4 香味海报

图片来源：广本岭先生。

近铁路奈良线大阪环状线的鹤桥站的站台内总是飘散着一股烤肉的香气①。我上学时总在那里转车，所以只要一想到鹤桥站，我就能想起那里的烤肉味。而且，我现在只要一想到吃烤肉，就会想起熙熙攘攘的鹤桥站。

由于气味可以应用到各种场合，所以可以用来构思吸引人们注意力的玄机设计。

气味和声音都能强有力地吸引人们的注意力，在用它们做设计时一定要小心谨慎。

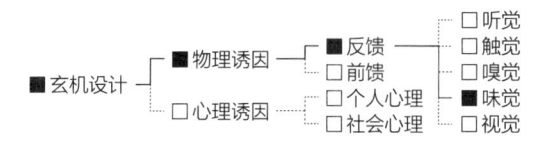

```
■玄机设计 ─┬─ ■物理诱因 ─┬─ ■反馈 ─┬─ □听觉
           │              │         ├─ □触觉
           │              │         ├─ □嗅觉
           │              ├─ □前馈  ├─ ■味觉
           └─ □心理诱因 ─┬─ □个人心理  └─ □视觉
                         └─ □社会心理
```

味觉反馈

图 2-5 是我在加利福尼亚州的奥特莱斯购物中心拍摄到的

---

① 2016 年 4 月 3 日，在美食网的"鹤桥"区搜索"烤肉"，能检索出 83 家人气店铺。

爆米花试吃机。拧开储存罐下方的十字形开关，就能接到一捧爆米花。因为机器的操作方法有点像扭蛋机，所以人们见了就很想上去拧一下，而拧开之后人们还能吃到甜香美味的爆米花，所以这个设计的构思堪称巧妙。

除了真正的食物，人们还会把在停车场入口处领到的停车小票衔在嘴里。注意到这一特征的口香糖公司为了推广新口味的口香糖，曾在停车小票上添加了薄荷的香味。

这个设计能让人们在停车时记住口香糖的味道。因此，停车场附近商店的同款口香糖就卖得很好。

幼儿总喜欢把够得着的东西送进嘴里尝一尝，这会增加他们被物卡住嗓子的风险。为此，莉卡娃娃在设计时就在娃娃身上涂了一层很苦的涂料。这样，幼儿就不会把它送进嘴里含着了。这也是用味觉反馈构思出来的佳作。

图 2-5　爆米花试吃机

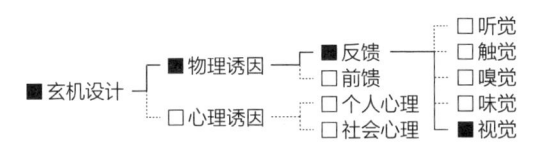

```
■玄机设计 ─┬─ ■物理诱因 ─┬─ ■反馈 ─┬─ □听觉
          │              │         ├─ □触觉
          │              └─ □前馈  ├─ □嗅觉
          └─ □心理诱因 ─┬─ □个人心理 ├─ □味觉
                       └─ □社会心理 └─ ■视觉
```

视觉反馈

人们通常是用眼睛来获取周边信息的。所以用视觉反馈构思玄机设计才是最明智的选择。视觉反馈的表现形式有动态、变形、变色等。

图 1-4 中的硬币会在募捐箱中飞速旋转；图 0-6 中的收纳袋在"吞食"玩具后肚子会迅速鼓起来；图 0-9 中小便池靶心的火焰会"熄灭"。

图 2-6 所展示的是阪急百货店梅田总店附近的橱窗。人们只要对着镜子微笑，橱窗里的樱花就会绽放。因此，来试用的人都会在不知不觉中展颜欢笑。

图 2-6　能够感受到微笑的橱窗

根据人们的行动，利用视觉反馈构思出来的玄机设计会像游戏一样有趣，并能增加设计作品的吸引力。

视觉化的对象既包括看得见的东西，也包括看不见但被"可视化"的东西。

计步器能把我们行走的步数变成数字。当你觉得计步器显示的步数太少时，就会产生再多走几步的心理诱因。

"猫的秘密"（Necomimi）是一款能通过脑电波读取人的情绪变化的黑科技产品。它能把人的情绪以可视化的形式表现出来。猫咪甩动耳朵的样子很是有趣。这款产品是在我们渴望与外界交流的心理诱因下创作出来的。

物理诱因2：前馈

与根据人们的行动产生的反馈不同的是，前馈是指在人们发出行动前，玄机设计传递给人的信息。比如，人们在看到玄机设计时就会去猜想它的功用，并会为了验证自己的想法而采取行动。

前馈是由"类比法"和"预见法"两个小分类构成的。以下是对这两个小分类的详述。

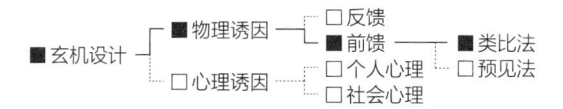

```
■玄机设计 ┬ ■物理诱因 ┬ □反馈
          │           ├ ■前馈 ── ■类比法
          │           ├ □个人心理  □预见法
          └ □心理诱因 └ □社会心理
```

类比法

类比法是指用事物的相似性构思设计的方法。人们可以通过类比以往的知识、经验，推测设计作品的用途。

图 0-1 中的竹筒能让人产生窥视欲，是因为它很像望远镜。

图 0-10 中的琴键楼梯激起了人们想听琴音的心理，是因为它很像琴键。

图 1-2 中的小鸟居能起到让人谨言慎行的作用，是因为它很像神社。

图 0-8 中的小便池靶心能让人产生瞄准的念头，是因为人们都知道靶心就是用来瞄准的。

图 0-9 中的小便池靶心也是综合了人们想要瞄准和灭火的心理设计出来的。

类比法能让新事物给人们带来一种似曾相识的感觉（异质驯化），这种感觉能直观地让玄机设计把期待人们做出某种行动的信息传达出去。

与此同时，类比法也能把我们常见的事物异质化（驯异质化），并激起人们的兴趣。好的玄机设计大多都是对类比法的活用。当异质驯化和驯异质化同时发挥作用时，人们就能对设计产生兴趣，并做出行动。

我们在讨论玄机设计时经常会思考它是否与文化有关。

类比法是存在文化差异的。在我收集的案例中，具有明显文化特质的案例为图 1-2 中的小鸟居。但除此之外，大部分的玄机设计都与文化无关。如能巧妙地活用类比法，就能构思出超越文化和国界的案例来。

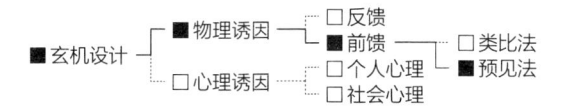

```
■玄机设计 ┬ ■物理诱因 ┬ □反馈
          │            ├ ■前馈 ─┬ □类比法
          │            │        └ ■预见法
          │            └ □个人心理
          └ □心理诱因 ─ □社会心理
```

预见法

用预见法[1]构思出来的玄机设计有让人看一眼就知道该怎么用的特征。它和类比法最大的区别是，即便没有相关知识或经验，人们也能根据设计的外观推知它的用意。

---

[1] 此处并非指詹姆斯·吉布森（James Gibson）的预见理论，而是指唐纳德·诺曼（Donald Norman）提出的在一定情景下可以被知觉到的可供性（Perceived Affordance）。

比如，以前没有见过椅子的人，在见到椅子后也知道它是用来坐的。此时，"坐"这一行为就是用预见法推测出来的。

图 0-1 中天王寺动物园的竹筒所采用的设计原理是：因为竹筒看上去像个望远镜，所以可以断言它采用了类比法；又因为其摆放高度正好适合人们窥视，所以它也采用了预见法。因为竹筒含有多种物理诱因，所以它才能强有力地引导人们的行动。

不过，预见法只能把"能做某事"的可能性暗示给人们，却并不一定能激起人们跃跃欲试的心理。

虽然椅子能让人预见到它有"能坐"的功能，但却并不会让每个人都产生"想坐上去的想法"。只有当人们想休息或等人约会时，才会想在椅子上坐等。人们在办急事时，是不会想坐在椅子上的。

因此，只用预见法是不会让人产生想去做某事的意愿的。

只有在反馈和心理诱因等其他要素的合力作用下，才能让玄机设计发挥效果。

由于人们有着丰富的知识和经验，能推知大多数设计作品的用途。因此，用预见法设计出来的作品也不是很多。在生活中，大家当然都知道椅子是用来坐的。

但在预见法的作用下，我们只要看到高度适中、硬度良好、表面平滑的物体，就知道它是可以用来坐的东西。桌子本来是不能坐的，可如果教室里的椅子不够的话，桌子就会变成"椅子"。也就是说，预见法可以赋予桌子"能坐"的功能。

掉了漆的地板说明经常有人在上边走来走去（见图 3-5），门上有手印的地方证明大家都从那里去推门。

这些痕迹都能帮我们预见人们的行动。比如，"脚印"是人们走过的证明。所以只要画出脚印就能规范车站和超市的队列秩序。

图 0-7 中滚梯上的脚印是在提示人们右侧通行,它就是颇具代表性的预见法设计案例。

心理诱因 1:个人心理

心理诱因是在物理诱因的作用下生成的心理动机。心理诱因包括个人心理和社会心理。

个人心理是出于个体自身原因产生的精神层面的心理动机,可分为"挑战心理""不协调心理""消极期待心理""积极期待心理""奖励心理""自我认可心理"等六种心理动机。

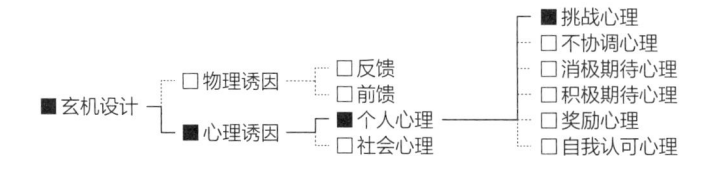

```
                                    ┌─ ■挑战心理
                                    ├─ □不协调心理
              ┌─ □物理诱因 ┌─ □反馈  ├─ □消极期待心理
■玄机设计 ─┤              └─ □前馈  ├─ □积极期待心理
              └─ ■心理诱因 ┌─ ■个人心理 ─┤
                            └─ □社会心理  ├─ □奖励心理
                                    └─ □自我认可心理
```

挑战心理

挑战心理是指让人心生"想去尝试、突破"的心理。比如,小便池靶心让人看了就想"瞄准"，垃圾桶的篮筐让人看了就想来个"大满贯"，这些设计都是让人在不知不觉中去挑战的好创意。

当然，要正确设置挑战的难易度，过难的设置只会适得其反。如果靶心就在眼前，人们当然会产生挑战自我的愿望。但如果设置在百米开外，就很少会有人想去"百步穿杨"了。

调整电脑游戏的难易程度很简单，但调整玄机设计的难易程度却很难。所以，构思时要先锁定服务人群，再设计出符合他们胃口的难易程度。这个操作顺序是非常重要的。

用挑战心理构思出来的玄机设计能让人们的想法变得很纯真。但最好不要把它设置在众目睽睽的场所中，因为那样的地方不容易让它发挥出效果来。另外，也不要把篮筐安装在便于投掷垃圾的垃圾桶上，要把它安装在篮球场、游乐场里不太引人瞩目的地方。

```
                              ┌─ □ 挑战心理
              ┌─ □ 物理诱因 ┬─ □ 反馈      ├─ ■ 不协调心理
■ 玄机设计 ─┤              └─ □ 前馈      ├─ □ 消极期待心理
              └─ ■ 心理诱因 ┬─ ■ 个人心理 ─┼─ □ 积极期待心理
                            └─ □ 社会心理  ├─ □ 奖励心理
                                          └─ □ 自我认可心理
```

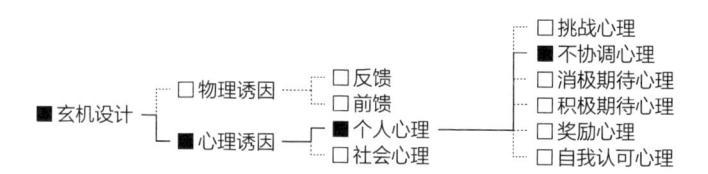

不协调心理

不协调心理是指因为物品摆放得不整齐、不规范、杂乱无序而有悖于自己期待时，产生的不舒服、别扭、想要改变现状的心理。这种心理也会激发人们采取行动。

图 0-4 中的车位线就是不协调心理的实际应用。车位线会让人们不由自主地想要规范停车。

图 0-2 中文件夹脊背上的斜线也是一例。人们受不了斜线错乱无序，就会动手去整理文件夹。可见，不协调心理能让人们为了看到物品摆放得整齐规范的样子而采取行动，有自净的效果。用这种心理设计的作品就是不协调心理的玄机设计。

```
■玄机设计 ─┬─ □物理诱因 ─┬─ □反馈
          │              └─ □前馈
          └─ ■心理诱因 ─┬─ ■个人心理 ─┬─ □挑战心理
                       │              ├─ □不协调心理
                       │              ├─ ■消极期待心理
                       │              ├─ □积极期待心理
                       │              ├─ □奖励心理
                       │              └─ □自我认可心理
                       └─ □社会心理
```

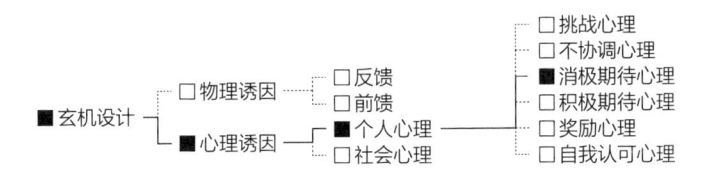

消极期待心理

人们都有趋利避害的心理。为了让人们能够及时注意到危险的存在，就要刺激人们的消极期待心理。因为人们一旦觉察危险，就会想着躲避并迅速采取行动。在这种心理的作用下，人们用消极期待心理构思出了玄机设计。

图 2-7 中所展示的电子眼是能够显示行车速度的装置。当司机发现自己在无意中提高了车速时，就会根据电子眼的提示有意识地减速慢行，把车速降至限速范围内。这是针对司机的超速行为设计的装置。

图 2-7 电子眼

高低不平、具有强制性减速作用的减速带也是玄机设计的产物。虽然减速带能实实在在地降低行车速度，可一旦人们真有急事，它就会给人们带来麻烦。因此，救护车和警车的专用通道上就不适合设置减速带。此时，视觉上的错觉效应就派上了用场。画上去的具有立体视觉效果的减速带能在提醒司机注意行车安全的同时，保证行车速度。

还可以在道路两旁刷涂料，给人们制造一种道路变窄了的错觉。也可以缩短马路上行车线的间距，给人们制造一种行车速度变快的错觉。这些都是让司机减速慢行的玄机设计。

日本首都高速公路也用该原理创制了路肩隆声带[1]。车轮只要压上行车线，隆声带就会发出令人不快的振动音，以此提醒司机调整方向盘。还有些路段会故意取消信号灯和标识，提醒司机和行人注意交通安全。此类玄机设计名叫共有空间。

---

[1] 取代直线的白色椭圆形叫光学点（Optical Dot）。

以上都是利用消极期待心理构思出来的玄机设计。

食堂也可以用该原理来设计菜单。比如，可以把食物的卡路里写在菜单上，这样想要减肥的人就不会误选那些高热量的食品了。

还有一种极端的方法就是把食物做成青色或蓝色，或让食客戴上墨镜，这样做会降低人们的食欲。变了色的食物看上去就像腐烂变质了一样[①]，这会引起人们怕吃坏肚子的警戒心，它也是用消极期待心理构思的玄机设计。

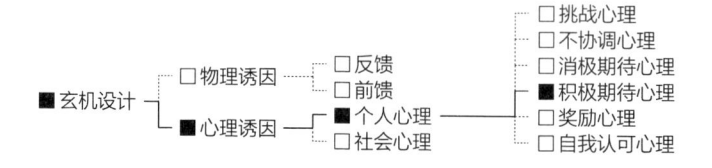

```
■玄机设计 ─┬─ □物理诱因 ─┬─ □反馈
          │              └─ □前馈
          └─ ■心理诱因 ─┬─ ■个人心理 ─┬─ □挑战心理
                       │              ├─ □不协调心理
                       │              ├─ □消极期待心理
                       │              ├─ ■积极期待心理
                       │              ├─ □奖励心理
                       │              └─ □自我认可心理
                       └─ □社会心理
```

---

① 颜色看起来很吓人的糕点在有些国家卖得也很好，这可能是因为文化差异造成的。

积极期待心理

关注、愉快、兴奋等积极期待心理会变成强力改变人们行动的诱因。书中介绍的多数设计案例都是对此类心理的应用。比如，图 0-1 中的竹筒会让人产生"我能看到什么呢"的好奇心，以及想上前一探究竟的欲望；图 0-10 中的琴键楼梯会让人产生想听到琴音的期待，所以人们才会有想去爬楼梯的欲望；图 1-3 中的水泥管子会让人产生钻洞入内的欲望。这些案例都是积极期待心理的产物。

以引言中介绍的趣味理论竞赛的获奖作品"世界上最深的垃圾桶"为例，它就是挑战心理和积极期待心理相结合的产物。可见积极期待心理可以用来构思很多玄机设计。在玄机设计学中，积极期待心理、不协调心理、消极期待心理，以及广义的心理诱因都可以扩大玄机设计的适用范围。

```
■玄机设计 ─┬─ □物理诱因 ─┬─ □反馈
          │              └─ □前馈
          └─ ■心理诱因 ─┬─ ■个人心理 ─┬─ □挑战心理
                        │              ├─ □不协调心理
                        │              ├─ □消极期待心理
                        │              ├─ □积极期待心理
                        │              ├─ ■奖励心理
                        │              └─ □自我认可心理
                        └─ □社会心理
```

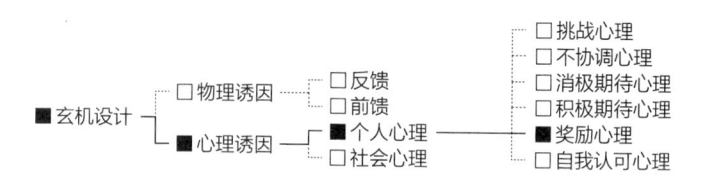

奖励心理

奖励心理是指通过给予人们奖励，从而诱导行动的心理。趣味理论竞赛的另一件获奖作品是能计算出行车速度的"电子眼"。如果车速和限速刚好一致，那么司机就有机会参与抽奖、赢取奖金。据报道，该设计让车辆的平均车速下降了22%。

如果能巧妙运用奖励心理，那玄机设计就会产生强烈的效果。不过，如果运用不当，也容易弄巧成拙。比如，孩子的画画得很好看，你会奖励给他些零食。不过这种做法也可能会让孩子变得"不给零食，就不好好画画"。原本孩子是因为喜欢画画才去画的，但随着奖励的介入，孩子可能会为了得到零食而画画，从而违背了奖励的初衷。

这种被奖励改变初衷的现象叫"破坏效应"（undermining effect）。我们在用这种心理构思玄机设计时，必须要注意这个问题。比如，在应用时不要给予人们一种做了某事一定会得到奖励的感觉，要让人们产生一种"运气好才能得到奖励"的期待感。

这种做法也叫"抽奖效应"。比如，"电子眼"也不是直接给司机奖励的，而是用抽奖的不确定性让人们产生一种"说不定会中奖"的期待感。

虽然奖励心理很像积极期待心理，但它更侧重于会得到某种奖励，而积极期待心理的侧重点却不是奖励。由于二者的出发点不一样，所以在构思时要区别对待。

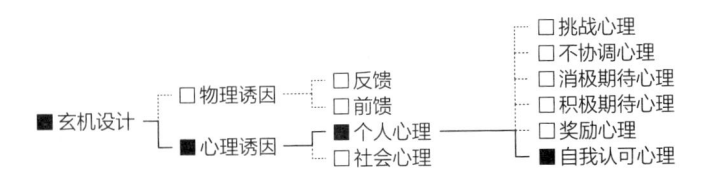

自我认可心理

自我认可心理是指人们希望自己的行动能有理论支持、合情合理，并具有一惯性和诚实度的心理。比如，注重穿着打扮就是自我认可心理的体现。因此，人们在看到镜子时都会有意识地去整理妆容。如果在电梯大厅里放上一面镜子，那么等电梯的时间就会变短。因为人们会在等电梯时照镜子、关注自己的外貌。

我曾在课堂上做过如下实验。在文件柜上增设镜子后，人们靠近文件柜的次数是没放镜子时的 5.2 倍。文件资料的领取量是没有镜子时的 2.5 倍。

人们看到镜子就会想凑上去照一照，所以才会靠近文件柜。但人们为了给照镜子找个光明正大的理由，就会用拿取资料的行动来做掩饰。

自我认可心理是承认欲求的体现。希望得到别人的认可则是他人认可。自我认可和他人认可是互为依存关系的，不能独立存在。

比如，在意穿着打扮也是在意他人看法的表现，所以它并不是单纯的自我认可心理。他人认可和心理诱因中的社会心理有着深刻的关联。如果导入他人认可，玄机设计的原理会变得模糊。所以，玄机设计学只能选取自我认可心理来做理论支撑。

心理诱因 2：社会心理

人是社群动物，无法违背社会群体的意志而为所欲为。社会心理是指上述社会制约引发的心理动机，包括"被视感""社会规范""社会证明"等心理动机。

```
■玄机设计 ─┬─ □物理诱因 ─┬─ □反馈
           │              ├─ □前馈
           └─ ■心理诱因 ─┬─ □个人心理
                          └─ ■社会心理 ─┬─ ■被视感
                                         ├─ □社会规范
                                         └─ □社会证明
```

被视感

当人们感到自己的所作所为正在被别人关注时，就会不由自主地做出不会让自己丢脸的行动。这种以他人目光的外界刺激为起因的心理就是被视感（被人看见的感觉）。

要想让人产生这种感觉，最经典的做法就是画一只眼睛。动物之所以拥有用眼睛去观察周边环境的本能，就是为了能够尽早发现潜在的危险。

实际上，我们从婴儿期开始，就会去寻找其他人或猫、狗等动物的眼睛，并与之进行"眼神"交流。如果从汽车的正前方看，车灯就是汽车的"眼睛"，前格栅则相当于汽车的鼻子。之所以这样设计，就是为了让汽车能够引起人们的注意。

被视感并不是真的要被看见。在咖啡代金回收箱上贴上眼睛贴纸，回收率就会上升；在停车场的墙上贴上眼睛贴纸，被盗率就会降低[1]。

这两个案例并不是真的要去监督谁，但效果却都很好，所以其构思非常值得我们学习借鉴。一旦安装的摄像头被人发现，也会起到抑制人们行动的作用。比如图 2-8 中的涂鸦写的"注意监控"就有很好的提示效果。

据说，蓝色监控灯还能起到抑制犯罪的作用。英国的格拉斯哥市为了美化城市，把街灯换成了蓝色。鉴于蓝色的街灯让这条街的犯罪率有所下降[2]，日本各地的自治体也决定对自杀事件多发区的站台灯做类似改进。

该方法也可以推广到其他地方，用来降低犯罪率和自杀率。

---

[1] 其他地方的犯罪率有所上升。
[2] 蓝色灯光能抑制犯罪率的原因是蓝光让犯罪分子找不到犯罪对象的静脉，所以无从下手。

02 | 玄机设计的构成要素　103

图 2-8　涂鸦提示的摄像头

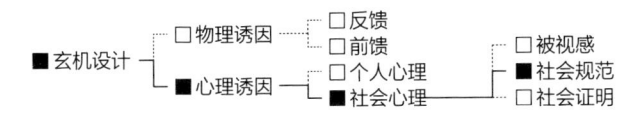

```
■玄机设计 ─┬─□物理诱因 ─┬─□反馈
           │             └─□前馈
           └─■心理诱因 ─┬─□个人心理 ───□被视感
                         └─■社会心理 ─┬─■社会规范
                                       └─□社会证明
```

社会规范

社会规范是指把社会主流观点作为行动判断依据的心理。

图 1-2 中的小鸟居就是通过让人们联想起神社的神圣感，为避免自己遭天谴而谨言慎行的玄机设计。它背后的设计原理就是社会规范。

图 0-4 中的车位线能让人们沿线停车，是利用了遵守界线这一社会规范。

不过，用社会规范构思出来的玄机设计是受文化和地域限制的。小鸟居对不懂日本神道文化的人来说就没有用，滚梯的通行侧也因地而异，有些国家的人都是先进屋再脱鞋的。

再如，有些国家的人认为喝汤发出声音很不礼貌，而有些国家的人认为吃面条时发出"滋滋"的吸食声也不要紧。此类情况不胜枚举。社会规范都是看不见的，但一样能成为玄机设计引导行动的诱因。

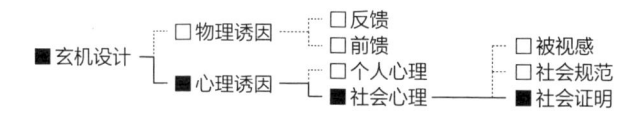

```
■玄机设计 ┬─□物理诱因 ┬─□反馈
         └─□心理诱因 ├─□前馈       ┬─□被视感
                    ├─□个人心理    ├─□社会规范
                    └─■社会心理 ───└─■社会证明
```

社会证明

社会证明是指由他人行动产生的规范。比如，人们不会在干净整洁的地方乱扔垃圾就是社会证明。有垃圾的地方则表明可以随地扔垃圾，这也是社会证明。

谁都知道图 2-9 中所展示的电动摩托车的车筐不是垃圾桶，不能往里边扔垃圾。但如图所示，其车筐被乱扔垃圾也是有样学样的社会证明的表现。

图 2-9 电动摩托车车筐变成了垃圾箱

城市的街道旁偶尔会看到一些用吉他箱子装路人打赏的钱的弹唱歌手。如果箱子里都是纸币,则后来的路人打赏的也会是纸币;相反,如果箱子里都是硬币,那么路人打赏硬币的可能性就会高一些。

这种受他人打赏金影响的现象叫作"基金效应",它在各种场合都有体现。该效应也是他人行动成为社会证明的体现。

我在便利店的协助下做过下列实验。在饮料瓶回收箱上方放一个回收瓶盖的箱子,结果瓶盖的回收率就从 49% 提高到了 60%。盒子里的瓶盖就是社会证明的产物,能引导瓶盖回收的行动。

从商店里等待结账的队列可以推知商店的人气指数,从等待过马路的人数可以推知信号灯变色的时间。

上述社会证明在生活中随处可见。但由于人们的理解不同,所以最终的行动也不尽相同。巧用社会证明解决问题,是普及玄机设计的重要方法。

玄机设计的源泉：诱因的组合

物理诱因和心理诱因的组合就是玄机设计的源泉。

我把收集到的 120 个案例都附上了相应原理，并将之整理成了表 2-1。表 2-1 中的数字是物理诱因与心理诱因组合应用的次数。经常被应用的组合被称为诱因模式。

我们从表 2-1 中可以得知，用类比法和积极期待心理构思出来的玄机设计共有 13 件；用听觉和积极期待心理构思出来的玄机设计共有 11 件。可见以上因素都是较为容易组合在一起的诱因。

也有不少 0 组合的案例。它并不意味着组合不搭，只能说明收集的案例太少，并且收集到的都是意图明显的玄机设计。

表 2-1　　　　　　物理诱因和心理诱因的关系表

			物理诱因							合计
			反馈					前馈		
			听觉	触觉	嗅觉	味觉	视觉	类比法	预见法	
心理诱因	个人心理	挑战心理	0	0	0	0	9	3	2	14
		不协调心理	4	2	0	0	3	4	5	18
		消极期待心理	1	3	0	0	4	1	6	15
		积极期待心理	11	2	1	0	6	13	9	42
		奖励心理	1	0	0	0	4	0	0	5
		自我认可心理	2	0	0	0	5	5	0	12
	社会心理	被视感	0	0	0	0	5	5	3	13
		社会规范	0	0	0	0	0	4	0	4
		社会证明	3	0	0	0	1	3	8	15
	合计		22	7	1	0	37	38	33	138

表 2-1 还展现了各类诱因的使用倾向。反馈（67 件）与前馈（71 件）在利用率上不相上下；个人心理（106 件）则要比社会心理（32 件）的利用率高得多。

在反馈中，视觉（37 件）和听觉（22 件）占九成。前馈中的类比法（38 件）和预见法（33 件）旗鼓相当。

在个人心理中，积极期待心理（42 件）约占四成。社会心理中的被视感（13 件）与社会证明（15 件）约占九成。该框架中的各诱因的利用率能够反映出诱因的应用难度和效果的优劣程度。

该表可以作为构思玄机设计实践的参考指导。新手可以用常用的诱因进行尝试，高手可以探索开发新的组合。你可以根据自己的目的来选择合适的构思方法。

03

绝妙的玄机设计是如何构思出来的

寻找玄机设计的方法

用孩子的眼睛观察世界

当成年人和儿童在同样的时间、地点面对同样的玄机设计时，二者的反应是不一样的。玄机设计的寻找与发现不靠知识，而要靠强烈的好奇心。

成长带给我们的是知识的增加与好奇心的减少。因此，我们应该用好奇心旺盛的孩子们的眼睛来观察身边的世界。孩子们的好奇心就是玄机设计的探寻器。

孩子们最擅长的是寻找并实践他们信手拈来的课题。比如，在路基上走路，掉下来的就算输；过马路时只许踩白色的斑马线……他们总是按照这样的规则做游戏。

图 3-1 中的窗棂的影子成了孩子们玩"跳房子"游戏的天然方格。在成年人眼里，窗棂的影子就只是影子而已，楼房和窗户的设计者最初关注的都只是窗户的功能。但如果把窗户的影子看作跳房子游戏的方格，那么走廊就变成游乐场了。

成年人总喜欢用常识来评判事物，因此无法想到眼前的事物还有其他的可能性。如果能打破常识的束缚，世界将变得有趣得多。

本书的照片都是我亲自拍摄的。很多照片是我和小朋友们在一起时发现并拍摄到的。由于孩子能让我们看到一个全新的世界，所以我建议大家可以多和孩子接触，发现新的可能性。

图 3-1 影子游戏

行为观察

观察孩子的行为是寻找玄机设计的基本方法，此外，还可以关注成年人微妙的行为变化。如果观察广场上人们落座的位置，你就会发现除了长椅，人们还会坐在凸起的地方或绿植旁边。

你若观察公园垃圾桶的使用情况就会发现，不同地点的垃圾量和垃圾种类是不一样的。你若观察违规停车的位置就会知道什么样的人喜欢乱停乱放。如果你观察在户外吃快餐的人，你就会发现他们经常吃饭的地方、他们的性别、穿着打扮以及快餐的种类。

通过多次观察，你会发现人们的行为并不是偶然发生的，而是有更深层次的原因的。拿人们在广场上落座的位置来说，它可能和人们的通行量有关，和落座后的视线有关，和往来于周边设施的人的行为有关，和光照有关，和读书、约会等活动有关……

通过观察人们的行动，我们也能获得设计灵感。例如，如果想延长人们在广场上停留的时间，那么只要思考哪里才是人们想坐下来休息的地方（购物商场的过道两侧），人们会面朝哪个方向坐下来（能够错开与对面的人眼神直视）等问题后，再在那些地方设置些椅子就可以了。此外，那些高度适中、表面平滑的位置也会让人们想坐下来休息一下。

观察拍照的人也很有意思。尽管人们在改变行为时多少会有些犹豫，却很难抑制住用手机拍照的冲动。人们之所以有拍照的冲动是因为周边有能激起他拍照意愿的东西。因此，如果人们都对着某个事物拍照，那么这个事物就能为玄机设计提供灵感。

我在纽约的时代广场眺望楼梯顶端的大屏幕时发现，播放着广告的大屏幕画面会忽然切换到往来的行人身上，展现他们的神色与姿态。图 3-2 中所呈现的就是那个大屏幕的照片[1]。时

---

[1] 你只要仔细看，就能从大屏幕上找到我。

代广场上随处可见巨大的 LED 广告牌,却没人去关注它们。但这个能让人们看到自己的样子的大屏幕却非常吸引人。

图 3-2　能播放行人神态的大屏幕

近来，在包括旅游胜地在内的许多地方，人们都很喜欢玩自拍。遗憾的是，自拍的背景却无法扩大。

因此，澳洲政府旅游局提议，可以把摄程在百米之外的600张照片合成一张超高像素的照片做背景，这就是背景清晰美丽的好设计——G!GA Selfie（见图3-3）。这张照片不仅能吸引观赏照片的人，还能激起人们想去现场拍照的欲望。

据2015年9月的一份报道称，同年，宣传澳洲旅游的G!GA Selfie，让去当地游玩的日本游客数量增加了118%。

G!GA Selfie的照片是井上忠浩先生在获得澳洲政府旅游局的允许后拍摄的。

客观地观察并反省自己的行为叫后设认知。用这种方式观察自己的行动也能获得很多灵感。如果你在走出大厅时不知道该去推哪扇门，那就说明那样的大门缺少重要的判断依据。

图 3-3　G!GA Selfie

图 3-4 是我们学校食堂的手动门。门的左右两侧都写着"推"（Push），但右边的门却无法推开。所以我每次用右手推门都会以失败告终。

图 3-4　手动门

很多人认为是提示语写错了，便去拉拽房门。出现这样的问题其实是大门没安装拉手造成的。如果给门安装上押板①，再在上边画上用手推的图画作为提示，那样人们就不会弄错了。

另外，行为的痕迹也能成为寻找设计灵感的线索。图 3-5 是我们学校食堂的地板。地板已经有磨损、掉漆的迹象了。再如，转角会让人产生"想要冲进去"的冲动。

由于人们在视野不好的转角处很容易撞到一起，所以很有必要在转角处增设玄机设计。

图 3-6 展示的是加利福尼亚州帕罗奥多站设在丁字路口防范交通事故的玄机设计。转角对面是死角。如果能消减丁字路的转角，那么在靠近转角时，死角也会减少。可以用扶手做缓冲以消减死角，降低事故发生的概率。

---

① 一种装在门上，用来按着推门的装置。

图 3-5 地板上的磨损处

图 3-6　安全转角

这就是减少转角冲突的玄机设计。

世上有很多玄机设计,但大多数都被人忽视了。

只要仔细观察人们的行动,你就能找到构思玄机设计的线索。因此,我们随时随地都能获得寻找线索的乐趣。希望你也能身体力行地去体验其中的快乐。

设计要素的列举与组合

前文介绍的大多是一些简明易懂的玄机设计案例,可如果让我们亲自动手设计却非常困难。如果按照引言中讲述的 FAD 条件去思考,那么在满足条件的前提下再去思考就容易多了。任何设计都不是凭空想象出来的。为了在有限的时间里获得有效的思路,为了找到设计灵感,学习相关思考法是非常必要的:

- 公平性(F):不侵害任何人的利益;
- 引导性(A):能引导人们的行动;
- 目的的双重性(D):设计者和被设计者的目的不同。

我在庆典会场、办公室、餐饮店、大学校园、动物园等地寻找玄机设计时,也曾试着创作过一些作品。以下是构思玄机设计的思考方法。

玄机设计的基本思考法就是"对现有要素进行整合",即列举有关联的要素,然后思考如何把这些要素整合在一起。

表 3-1 是书中设计作品的归纳总结表。所有的作品都是给设计对象加上设计要素后创作出来的。这些组合貌似没什么关系，但引导性和目的的双重性却能把设计对象和意想不到的要素结合在一起。

这种独特的思考方法帮助人们创建了无数提案。在参考该方法的同时，我也试着摸索出了些许有效方法：

- 借鉴玄机设计的相关案例；
- 利用行动的类似性；
- 利用玄机设计原理；
- 奥斯本检核表法[①]。

在弄清上述原理后，大家在设计时还要注意马斯洛的锤子法则对设计的影响。

---

① 奥斯本检核表法是指以该技法的发明者奥斯本（Osborn）命名的，引导主体在创造过程中对照九个方面的问题进行思考，以便启迪思路、开拓思维想象的空间，促进人们产生新设想、新方案的方法。

表 3-1　　　　　　　　玄机设计的对象和要素

序号	作品名称	设计对象	设计要素
1	竹筒	动物园	竹筒
2	书背的斜线	文件夹	斜线
3	书背的漫画	漫画	图画
4	停车场的车位线	停车场	白线
5	带篮筐的垃圾桶	垃圾桶	篮筐
6	公仔收纳袋	收纳袋	公仔
7	滚梯脚印	滚梯	脚印
8	小便池靶心	小便池	靶心
9	小便池靶心	小便池	火苗靶心
10	琴键楼梯	台阶	琴键
11	家用面包机	面包机	闹钟
12	小鸟居	需要注意的地点	鸟居
13	水泥管入口	入口	水泥管
14	滑块捐款箱	捐款箱	滑块
15	带站台的橱窗	橱窗	站台
16	幻觉艺术纪念照拍摄地	台阶	幻觉艺术
17	显示卡路里消耗量的台阶	台阶	消耗的卡路里量
18	扭蛋机储蓄罐	储蓄罐	扭蛋机

续前表

序号	作品名称	设计对象	设计要素
19	手绘脚印（失败的设计）	驾照中心	脚印
20	三角形厕纸卷	厕纸卷	三角形
21	有香味的海报	海报	巧克力的香味
22	试吃机	爆米花	扭蛋机
23	能感应到微笑的橱窗	橱窗	微笑
24	电子眼	马路	电子眼
25	提示摄像头的涂鸦	摄像头	涂鸦
27	影子游戏	走廊	窗棂的影子
28	播放行人影像的大屏幕	大屏幕	行人
29	G!GA Selfie	游客	自拍
32	减少冲突的转角	丁字路	扶手
33	狮口形手指消毒器	校庆	喷射消毒液
34	钓人	大学教室	钓鱼塘
35	世界第一深垃圾桶	垃圾桶	下落音
36	电子眼·抽奖	电子眼	抽奖

借鉴玄机设计的相关案例

构思玄机设计最简单的方法是在借鉴前人作品的基础上搞创新。以篮筐垃圾桶为例，我们可以将之改换成足球和保龄球的球门，从而设计新的作品。如果用废弃的纸箱盖做篮筐，那么我们就能把纸箱变废为宝，做成漂亮的垃圾桶。

找到问题对象和类似的案例，就能以四两拨千斤的方式进行创新。借鉴先例是最简单的做法。如果只是用玄机设计去解决问题，那就不必拘泥于创意的原创性，找到解决方法才是最重要的。

目前还没有玄机设计的案例集。虽然我收集了几百件案例，但因为照片和版权的关系，我还不能将全部案例公之于众。因此，我由衷希望可以公开玄机设计案例的数据库。

利用行动的类似性

由于玄机设计是通过改变行动来解决问题的,所以我们也可以以"行动"为线索来构思玄机设计。

拿垃圾桶的例子来说,如果寻找类似"扔"垃圾的行为,那么"投""收纳""放进去""射中""抛掷"等行为就符合标准。如果以这些词为中心展开联想,那你就会得到相关的关键词。这样做的最终目的是刺激人们采取行动,所以语法不通也没关系,请开阔思路尽情联想吧:

- 投:飞镖、鱼线、运动会的铅球;
- 收纳:衣服、餐具、收藏品;
- 放进去:行李、CD、新鲜空气;
- 射中:神社抽签、弓与靶心、难题;
- 掉下来:漏洞、雷、饭团(饭团掉进老鼠洞的民间传说)。

接下来，你可以把联想到的关键词与"垃圾桶"组合在一起，以此寻找设计思路。这样也能在类似"扔"的动作中找到二者的共通点。有了共通点，二者就能顺理成章地联系起来了。

前文的例子可以促成下列玄机设计的构思。

- **玄机设计：垃圾桶 + 鱼线**
  【说明】投入垃圾后，测量垃圾的大小和重量。用制作鱼拓的方式制作垃圾拓。之后按照大小和重量的等级展示垃圾拓作品。
- **玄机设计：垃圾桶 + 收藏品**
  【说明】把垃圾桶划分成格子间，根据垃圾种类决定垃圾的投放位置。只有在投放到对的位置时，垃圾才会落入垃圾桶中。
- **玄机设计：垃圾桶 + 空气**
  【说明】垃圾扔得越多，垃圾桶就越膨胀。
- **玄机设计：垃圾桶 + 抽签**

【说明】扔垃圾后，就会从垃圾桶里掉出来一只卦签。

- 玄机设计：垃圾桶 + 漏洞

　　【说明】垃圾会咕噜噜地掉进垃圾桶。

　　上述要素的关系可以抽象表述为：给 A 加上 B 就会得到 C。

　　例如，A 为玄机设计的对象，此处指"垃圾桶"；B 为玄机设计的要素，此处为"鱼线""收藏品"；C 就是引导出来的行动，比如"投""收纳"。A 和 B 貌似并无关联，但被 C 以共同项的形式结合了起来，就成了有趣的玄机设计。

　　该方法的要点在于从行动这一制约条件中去寻找、归纳相关词语，并汇集联想到的结果。我在用该方法构思时会求助于网上的图片检索功能。输入关键词后，网站就会出现很多图片，这些图片能让我找到灵感。图片能让人联想起词语和概念，相对容易操作。因此，上述方法具有可行性，你也不妨一试。

利用玄机设计原理

可以利用第 2 章介绍的玄机设计原理来寻找构思方法。玄机设计原理可分为两大类、四个子分类和 16 个小类。我们可以结合这些原理展开联想，比如，利用反馈原理会得到怎样的结果。

具体来说，可以根据对象的行动附上听觉、触觉、嗅觉、味觉、视觉等反馈要素把构思具体化。例如，给垃圾桶加上听觉反馈要素，就能设计出"世上最深的垃圾桶"。那么将其他要素与垃圾桶相结合，又会出现怎样的结果呢？

- **玄机设计：垃圾桶 + 视觉反馈**

  【说明】可以展示垃圾的重量。如能附上等级功能，还可以在丢垃圾的人、垃圾桶之间做个比较。

- **玄机设计：垃圾桶 + 触觉反馈**

  【说明】在垃圾桶上安装风扇。垃圾丢入垃圾桶后，风扇就能旋转吹送凉风。

- 玄机设计：垃圾桶 + 听觉反馈

  【说明】丢垃圾后，让垃圾桶演奏小号短曲。

- 玄机设计：垃圾桶 + 味觉反馈

  【说明】让垃圾桶津津有味地"吃"垃圾。

以上构思都是强制联想到的。我们可以从上述构思中找到切实可行的方案进行操作，让构思变得更加生动有趣。

奥斯本检核表法

当你构思无果时，不妨换个角度。以下就是根据奥斯本检核表法所罗列的启迪你进行构思的九个问题：

- 还有其他用途吗？
- 有类似的东西吗？
- 能否改动一下试试？

- 扩大一点会怎样？
- 缩小一点会怎样？
- 有其他的替代品吗？
- 调换过来试试？
- 用相反的方法试试？
- 组合在一起试试？

上述检核表可以记忆为"代逆合像他大小"。此外，也可以把奥斯本检核表法改成 SCAMPER 法。它是由下列单词的首字母组合而成的：

- 有其他的替代品（Substitute）吗？
- 组合（Combine）在一起试试？
- 有类似（Adapt）的东西吗？
- 改动（Modify）一下试试？
- 还有其他用途（Put to other uses）吗？
- 剔除（Eliminate）会怎样？

- 调换（Rearrange）过来试试？用相反（Reverse）的方法试试？

例如，在构思垃圾桶的玄机设计时，你就可以思考"有无其他用途"这个问题。这样一来，垃圾桶就会有其他用处。可以把没有想过的东西视为垃圾，设想没有垃圾桶会怎样，设想垃圾桶除了能装垃圾还能装什么。

如果按这个思路展开联想的话，我们就能想起孩子房间里乱糟糟的玩具、办公桌上杂乱无章的资料。它们虽然不是垃圾，但实际上没用的东西也不少。当你意识到有些东西已经没用时，就可以把它们当作垃圾处理掉了。于是，制造垃圾、清理垃圾的概念就这样产生了。

以上就是用"还有其他用途吗"这个问题构思出来的方案。当你感到"江郎才尽"时，不妨换个角度去考虑问题。

至于结果如何，我们只有尝试过了才会知道。

俄罗斯宇航员用铅笔写字

著名的马斯洛法则指出:"如果你的手里只有锤子,那么你的眼里就只有钉子。"同理,如果你只会用自己擅长的方式去处理问题,那么又和只会用锤子砸钉子有什么区别?

在遇到亟待解决的问题时,自认为"技高一筹"的人就会依赖技术去解决问题。但物极必反,过度依赖技术也会把简单的问题复杂化。请看下面这则美国笑话,它就是对美国人过度依赖技术的一种揶揄:

> 美国国家宇航局(NASA)最初把宇航员送入太空时发现:在失重的环境下,圆珠笔是无法使用的。于是,NASA的科学家们为了解决这个问题,发起了攻坚战。他们用了10年时间、花费12亿美元开发出了一种在失重、水里、冰点以下、300℃的环境中都能写出字的圆珠笔。

但俄罗斯宇航员是用铅笔写字[1]的。

玄机设计最看重的就是"用铅笔写字"的思路。比如，在构思垃圾分类方案时，技术人员能想到的是设计出能够自动分拣垃圾的垃圾桶。

不需要人力，让技术服务生活，没有比这更轻松的好事了。但让人们改变行动以解决问题的方案就不可行吗？不依赖技术，开发出让人们在不知不觉中完成垃圾分类的方案不也很好吗？

即便开发出能自由活动、能代替人处理问题的机器人，从现阶段来看，人的能力与素质也要比智能机器人强出很多。

当然，编程设计出来的机器人也能正确认知环境、物体，也能自由行走、做出复杂的动作。但一些对人来说很简单的动作，对机器人来说却非常困难。此外，人还有知识和经验，有

---

[1] 其实 NASA 最初也是用铅笔做记录的。

行动力和综合判断的能力。

总之，机器人做不成大事，会磨损，成本也高。除了在危险地区作业、处理工厂里的机械作业、从事介护中的重体力劳动，机器人的优点远没有缺点多。

从可行性来看，只有最小限度地依赖机器、引导行动，才能找到构思玄机设计的方法。因此，你在构思时一定不要被马斯洛的锤子限制了思路。

其他玄机设计案例

最后，我要介绍的是 2015 年大阪大学校庆活动中，在"玄机设计实验室"展出的两件作品。

图 3-7 展示的是根据《罗马假日》中的"真言之口"改造而来的设计作品。狮子张开的大嘴让人在感到害怕的同时，又

有想要伸手进去的冲动。实际上，狮子嘴里有自动手指消毒器，伸手进去后，手指就会被酒精消毒，变得很干净。该作品不仅吸引了很多试用者，人们在其手指被消毒液喷到时发出的惊叫声还引来了更多人的关注。该作品引发的连锁反应在现场掀起了一连串的高潮。

设置玄机设计实验室是为了让大家关注容易被忽视的该校 C 栋四楼的 C407 教室，以吸引大家前来实验室参与设计实验。

C 栋教学楼呈コ字形，在教室前的走廊一眼就能看到中庭。吸引往来的行人去教室参观的设计是图 3-8 所展示的钓人。悬挂在半空中的"钓人"招贴上有一根绑着胶囊的麻绳，它从四楼的走廊上一直悬垂下来。路过的人一抬头就会看到垂在眼前的胶囊，于是就会产生一种"被钓到"的感觉。该作品也会让人们产生想去 407 教室一探究竟的兴趣，所以很是引人注目。

胶囊钓钩不仅能成功地引起人们的围观，还能招来更多的人上楼参观玄机设计实验室里展出的作品，体验"咬钩"的乐趣。

图 3-7　狮口形手指消毒器

03 | 绝妙的玄机设计是如何构思出来的　141

图 3-8　钓人

结语

本书用通俗易懂的语言向你介绍了我从 2005 年至今有关玄机设计学的研究成果。如果本书能将这门学问发扬光大，让未来变得熠熠生辉，那将是我莫大的荣幸。

　　我在引言中说过，如果将玄机设计看作一门学问，并开拓相关领域的研究，那么它的风险会相当大。因为没有相关学会，没有能发表研究成果的平台，更没有来自志同道合的人的支持。孤身一人搞科研就必须要有强大的内心才行。

　　评价一个研究者可以从其学术贡献和社会贡献两方面进行考核。由于没有相关研究玄机设计学的学会，所以我的研究也没有学术贡献可言。而去其他主题的学会发表我的成果，又会有一种动机不纯的嫌疑。

我每年都会去参加日本第一自由派学会——人工智能学会全国大会的玄机设计学分会，并能在那里幸运地找到组织和同志。没有学术贡献也没关系，能为社会做些贡献也是好的。针对普通人的研讨会、黑客松、竞赛都是推广玄机设计的有效活动。

我之所以把这门学问命名为"玄机设计学"，是为了让人们易于接受这个概念。"××学"的字眼大多会让人产生敬而远之的想法，玄机设计则会让人产生似懂非懂的感觉。前期准备也是很重要的，否则，人们只能对这个概念有所耳闻，却不会想去深入了解它。

因此，我才希望能够出版一本普及型的大众读物。希望本书能让一般读者和务实派对玄机设计产生兴趣。有时查阅论文会有线索中断的情况发生，本书能为你提供认识玄机设计学的机会。同时也希望本书能给更多的读者带来启发和帮助。

译者后记

多数人在被批评后是无法做到从善如流、有则改之的,甚至会因为被指责而心生逆反。

不要强制别人去做什么,改变什么,而是要启发他,让他产生要改变自己的想法。

书中上述两个观点给我留下了很深刻的印象。因为生活中真的就是这样,你越让别人去做什么,或不做什么,他们就越会跟你对着干。比如你在外边遇到随地吐痰或乱插队的人,你上前制止说不定会惹来麻烦。这时候最好用玄机设计的方法,以暗示诱导的方式规范人们的不文明行为。

比如，旅行社在组织拼团出行时，可能会遇到同住一间客房的旅客睡眠质量和习惯不一致的问题，从而引发矛盾。旅行社应该在出团时让领队给全团游客讲明白互相尊重的道理，让游客有意识地自觉自律。

另外，酒店方面也可以在考虑房客利益的基础上，设计利于房客休息的客房。比如，维也纳好眠酒店就推出了"五感助眠空间"产品，即从触觉、视觉、听觉、嗅觉、味觉等方面设计客房，给房客提供良好的助眠空间。其中，触觉产品分别从床垫、枕头、床品、卫浴、按摩椅等方面打造得以实现。但整体装修是需要耗费很高的成本的。这时候如果能有个恰到好处的玄机设计，就能节省成本、给房客带来便益。

书中的小鸟居案例能通过人们畏惧天谴的心理规范人的行为。同理，我们也可以模仿这个案例，在客房内摆放一张佛头艺术画。人们看了佛像既能静心，又能想起"举头三尺有神明"的古训，从而克制自己的言行。但佛头似乎只对佛教信徒有意义。所以，酒店可以根据客人的国籍和信仰有针对性地配置客房，摆放上能够提示人们与人为善的摆件或壁画。

另外，想办法帮助神经衰弱症患者迅速入睡也是很有必要的。美国拉斯维加斯有家名为"DREAM LIFE"（梦中的生活）的催眠宾馆。客房的墙面是用一种特殊的激光屏做成的。激光屏能按照要求变幻出不同的色彩和图案，同时播放音乐，借助光色和影音等方面的综合效果来营造催眠环境。正对床的天花板上有一个超大的悬空屏幕，只要按下按钮，大屏幕上便会立即呈现出一个个不规则的太空星云图。只要看这些图像 5~10 秒钟，人就会感觉昏昏欲睡。据说这个设计还是很安全的，不会对人体有什么副作用。

打造这样的客房想必也是要花很多钱的。这种客房应该是依靠技术建造出来的。一般的旅行团怕是没钱带客人去体验这样的"豪宅"的。小一点的旅店如果也想给房客带来良好的睡眠体验，不妨考虑玄机设计。比如，有的房客在睡觉时虽然会关掉卧室的灯，却不会关掉卫生间的灯。那么我们不妨用从卫生间的门缝里露出来的灯光做些什么。大家一定见过转个不停的走马灯吧？那个东西看久了也会让人觉得头晕目眩。卫生间的灯可以根据走马灯的原理进行改进，这样灯罩上旋转的花纹就会被灯光投射到厕所门外的墙上或地面。房客在睡不着时，也可以看看墙上旋转的影子。相信影子单调的旋转要不了多久就会让人昏昏入睡。

不过，就像作者指出的那样，玄机设计并不是对所有人都有效。再好的玄机设计都不如人们能够自觉地提高素质，主动地规范行为，有意识地约束言行来得好。用"术"的方法规范人们的行为是必要的，但让人们提升道德水准和精神境界则更为重要。因为"道"永远比"术"更加高深、更值得学习和追求。

SHIKAKEGAKU by Matsumura Naohiro
Copyright © 2016 by Matsumura Naohiro
All rights reserved.
Original Japanese edition published by TOYO KEIZAI INC.
Simplified Chinese translation copyright © 2019 by China Renmin University Press, Co., Ltd.
This Simplified Chinese edition published by arrangement with TOYO KEIZAI INC., Tokyo, through UNI Agency, Inc., Tokyo

本书中文简体字版由 TOYO KEIZAI INC., Tokyo 通过 UNI Agency, Inc., Tokyo 授权中国人民大学出版社在中华人民共和国境内（不包括香港特别行政区、澳门特别行政区和台湾地区）出版发行。未经出版者书面许可，不得以任何方式抄袭、复制或节录本书中的任何部分。

版权所有，侵权必究。

北京阅想时代文化发展有限责任公司为中国人民大学出版社有限公司下属的商业新知事业部，致力于经管类优秀出版物（外版书为主）的策划及出版，主要涉及经济管理、金融、投资理财、心理学、成功励志、生活等出版领域，下设"阅想·商业""阅想·财富""阅想·新知""阅想·心理""阅想·生活"以及"阅想·人文"等多条产品线。致力于为国内商业人士提供涵盖先进、前沿的管理理念和思想的专业类图书和趋势类图书，同时也为满足商业人士的内心诉求，打造一系列提倡心理和生活健康的心理学图书和生活管理类图书。

《匠心设计1：跟日本设计大师学设计思维》

- 深入解析日本一线知名设计大师匠心设计背后的思考方法。
- 用设计思维助力企业完成从品质经营时代到设计经营时代的成功转型。

《匠心设计2：跟日本企业学设计经营》

- 深入分析日本产品备受消费者青睐的原因。
- 揭秘日本知名企业的设计经营之道。
- 助力企业突破传统经营思维的局限性，拓展市场新出路。

《商业模式设计新生代：如何设计一门好生意》

- Business Models Inc. 大中华区执行总裁、战略设计师倾力推荐。
- 全球 50 位精英创业家、战略设计师和思想领袖手把手教你设计出一门持续赚钱的好生意。

《如何开发一个好产品：精益产品开发实战手册》

- 风靡全球的精益产品开发理念。
- Facebook、微软等世界知名公司的产品培训师倾情之作。
- 硅谷精益产品开发领域明星人物为你全面解析如何开发与市场适配的爆款产品。

《商业模式创新设计大全：90% 的成功企业都在用的 55 种商业模式》

- 深入研究 50 年来最具革命性的商业模式创新案例。
- 详尽解读世界上最赚钱的 55 种商业模式。
- 欧洲顶级商学院商业模式创新最新前沿研究成果。